MAXIMES DE GUERRE

ET PENSÉES

DE NAPOLÉON Ier.

Imp. de Cosse et J. Dumaine. r. Christine, 2.

MAXIMES DE GUERRE

ET PENSÉES

DE

NAPOLÉON Ier.

5e ÉDITION

REVUE ET AUGMENTÉE.

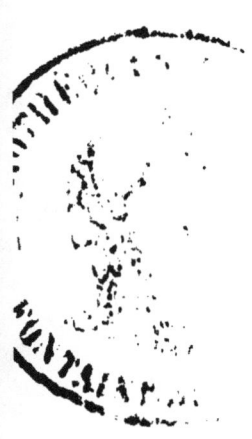

PARIS
LIBRAIRIE MILITAIRE
J. DUMAINE, LIBRAIRE-ÉDITEUR DE L'EMPEREUR.
Rue et Passage Dauphine. 30.

—

1863

TABLE GÉNÉRALE.

— — —

	Pages.
NOTES PRÉLIMINAIRES.	
Note de M. le général Burnod	VII
Note de M. le général Husson	X
MAXIMES DE GUERRE DE NAPOLÉON Ier.	
Première partie	1
Seconde partie	45
Notes des Maximes.	
Première partie	33
Seconde partie	180
Appendice	240
PENSÉES DE NAPOLÉON Ier.	
Première partie. — *Pensées relatives à l'art militaire*	243
Seconde partie. — *Pensées diverses*	232
Table méthodique des Maximes	305
Table alphabétique des Pensées	307

NOTES PRÉLIMINAIRES.

NOTE DE M. LE GÉNÉRAL BURNOD,

Officier général au service de Russie.

Lorsque j'ai formé un recueil des Maximes de guerre qui ont dirigé les opérations militaires du plus grand capitaine des temps modernes, mon but a été d'être utile aux jeunes officiers qui désirent apprendre l'art de la guerre, en méditant sur les campagnes de Gustave-Adolphe, Turenne, Frédéric et Napoléon. Ces maximes me semblent être celles qui ont dirigé tous ces grands hommes; c'est donc en les appliquant à la lecture de leurs campagnes, que les militaires pourront en reconnaître la sagesse, et en faire ensuite usage chacun avec le génie qui lui est particulier.

Ma tâche m'avait d'abord semblé devoir s'arrêter là. Cependant, en apercevant combien ce recueil est incomplet, j'ai essayé de suppléer, par des notes, à ce qui manque, et j'ai compulsé les Mémoires de Montecuculli et l'Instruction de Frédéric à ses généraux. L'analogie de leurs principes avec ceux de Napoléon m'a convaincu que l'art de la guerre est susceptible d'être considéré sous deux rapports : l'un, qui repose entièrement sur les connaissances et le génie du général en chef ; l'autre, sur les objets de détail. Le premier est le même pour tous les temps, pour tous les peuples, quelles que soient les armes avec lesquelles ils combattent : d'où il résulte que les mêmes principes ont dirigé les grands capitaines de tous les siècles ; la partie de détail, au contraire, est soumise à l'influence des temps, de l'esprit des peuples et de la qualité des armes. J'ai aussi cherché des faits dans les différents âges, pour faire sentir la vérité de cette remarque, et montrer que rien n'est problématique dans l'art de la guerre, mais que les revers et les succès dépendent, presque toujours, du plus ou du moins de génie naturel et de connaissances acquises chez le général en chef.

NOTE DE M. LE GÉNÉRAL HUSSON,

Sénateur.

La seconde partie des Maximes et les Pensées qui les suivent sont extraites des Mémoires de Napoléon, de sa correspondance, du Mémorial de Sainte-Hélène et de l'ouvrage d'O'Meara.

Comme les maximes qui précèdent, elles renferment de grandes et utiles leçons, et montrent quelle connaissance des hommes, de leurs passions, de leurs défauts, de leurs faiblesses, ce grand génie, guerrier et législateur, a possédée pour arriver au faîte de la puissance, où il serait encore sans la trahison d'un petit nombre d'hommes qu'il avait comblés de richesses et d'honneurs.

Les militaires qui liront avec fruit ce recueil et méditeront sur les brillantes campagnes d'Italie et de l'Empire, même sur les plus malheureuses de cette dernière époque, verront combien toutes sont dignes de la renommée de Napoléon et au-dessus de toute comparaison. Ils puiseront à leur source les véritables règles de l'art, et ils se formeront par l'étude des plus belles opérations qui aient jamais été exécutées.

Ils admireront les hauts faits de cette armée impériale, qui n'a pas cessé un instant d'être nationale, et qui l'a assez prouvé par sa conduite entière et surtout par son dévouement sublime en 1814 et 1815, alors que ses antagonistes discouraient et intriguaient pour livrer la patrie; de cette armée qui, après avoir effacé par ses exploits les prodiges des temps anciens, a donné au monde le plus bel exemple de patriotisme, en opérant avec calme et dignité cet incomparable licenciement général, où tant de braves sacrifièrent aux malheurs et au repos de la patrie, leur vengeance, leur fortune militaire, leur famille des camps, ces armes d'honneur si longtemps la terreur de l'étranger, et enfin leur sûreté personnelle.

Par cette noble résignation, les valeureux soldats de la Révolution et de l'Empire, qui ont conservé jusqu'à ce jour le culte de la patrie et des choses héroïques, montrèrent à leurs ennemis intérieurs et extérieurs qu'ils avaient toujours considéré Napoléon comme le premier magistrat et le représentant de la nation, parce qu'ils avaient toujours reconnu en lui le plus ardent patriotisme et la plus vive affection pour la France.

Terminons cette note par ces belles

paroles du duc de Vicence : « Le souvenir de Napoléon enfantera des héros, inspirera aux jeunes hommes cette noble émulation qui produit les grands citoyens. Ses exploits seront répétés dans le lointain des âges, et tout ce qui porte un cœur français inscrira sur sa bannière : Honneur et admiration a la mémoire de Napoléon ! »

MAXIMES DE GUERRE
DE NAPOLÉON Ier.

PREMIÈRE PARTIE.

I.

Les frontières des états sont, ou de grands fleuves, ou des chaînes de montagnes, ou des déserts. De tous ces obstacles, qui s'opposent à la marche d'une armée, le plus difficile à franchir, c'est le désert; les montagnes viennent ensuite, et les larges fleuves n'ont que le troisième rang.

II.

Un plan de campagne doit avoir prévu tout

ce que l'ennemi peut faire, et contenir en lui-même les moyens de le déjouer. Les plans de campagne se modifient à l'infini, selon les circonstances, le génie du chef, la nature des troupes et la topographie du théâtre de la guerre.

III.

Une armée qui marche à la conquête d'un pays a ses deux ailes appuyées à des pays neutres, ou à de grands obstacles naturels, tels que des fleuves ou des chaînes de montagnes; il peut arriver qu'une de ses ailes seulement soit appuyée, ou même qu'elle ait ses deux ailes à découvert. Dans le premier cas, un général en chef n'a plus qu'à veiller à n'être point percé sur son front; dans le second cas, il doit s'appuyer à l'aile soutenue; dans le troisième cas, il doit tenir ses divers corps bien appuyés sur son centre, et ne jamais s'en séparer : car si c'est une difficulté à vaincre que d'avoir deux flancs en l'air, cet inconvénient double si on en a quatre, triple si on en a six, c'est-à-dire si on se divise en deux ou trois corps différents. La ligne d'opération, dans le premier cas, peut appuyer indifféremment sur la gauche ou sur la droite; dans le second cas, elle doit appuyer à l'aile soutenue; dans le troisième cas, elle doit être perpendiculaire sur le milieu de la ligne de marche de l'armée. Mais dans tous les cas ci-dessus mentionnés, il faut, tous les cinq ou six jours de marche, avoir une place forte ou une position retranchée sur la ligne d'opération, pour y réunir des magasins de bouche et de guerre, y organiser les convois, et en faire un centre de mouvement, un point de repère, qui raccourcisse la ligne d'opération de l'armée.

IV.

Quand on marche à la conquête d'un pays avec deux ou trois armées qui ont chacune leur ligne d'opération jusqu'à un point fixe, où elles doivent se réunir, il est de principe que la réunion de ces divers corps d'armée ne doit jamais se faire près de l'ennemi, parce que, non-seulement l'ennemi, en concentrant ses forces, peut empêcher leur jonction, mais encore il peut les battre séparément.

V.

Toute guerre doit être méthodique, parce que toute guerre doit avoir un but, et doit être conduite conformément aux principes et aux règles de l'art. La guerre doit être faite avec des forces proportionnées aux obstacles qu'on aura pu prévoir.

VI.

Au commencement d'une campagne, il faut bien méditer si l'on doit ou non s'avancer ; mais quand on a effectué l'offensive, il faut la soutenir jusqu'à la dernière extrémité. Quelle que soit l'habileté des manœuvres dans une retraite, elle affaiblira toujours le moral de l'armée, puisque en perdant les chances de succès, on les remet entre les mains de l'ennemi. Les retraites, d'ailleurs, coûtent beaucoup plus d'hommes et de matériel que les affaires les plus sanglantes ; avec cette différence que, dans une bataille, l'ennemi perd à peu près autant que vous, tandis que dans une retraite, vous perdez sans qu'il perde.

VII.

Une armée doit être, tous les jours, toutes les nuits et toutes les heures, prête à opposer toute la résistance dont elle est capable ; ce qui exige que les soldats aient constamment leurs armes et leurs munitions ; que l'infanterie ait constamment avec elle son artillerie, sa cavalerie et ses généraux ; que les diverses divisions de l'armée soient constamment en mesure de se soutenir, de s'appuyer et de se protéger ; que dans les camps, dans les marches, dans les haltes, les troupes soient toujours dans des positions avantageuses, qui aient les qualités exigées pour tout champ de bataille, savoir : que les flancs soient bien appuyés, et que toutes les armes de jet puissent être mises en jeu dans les positions qui leur sont le plus avantageuses. Lorsque l'armée est en colonne de marche, il faut avoir des avant-gardes, et des flanqueurs qui éclairent en avant, à droite et à gauche, et à des distances assez grandes pour que le corps principal de l'armée puisse se développer et prendre position.

VIII.

Un général en chef doit se dire plusieurs fois par jour : « Si l'armée ennemie apparaissait sur mon front, sur ma droite, ou sur ma gauche, que ferais-je ? » Et s'il se trouve embarrassé, il est mal posté, il n'est pas en règle, il doit y remédier.

IX.

La force d'une armée, comme la quantité des mouvements dans la mécanique, s'évalue par la masse multipliée par la vitesse. Une marche rapide augmente le moral de l'armée, elle accroît ses moyens de victoire.

X.

Avec une armée inférieure en nombre, inférieure en cavalerie et en artillerie, il faut éviter une bataille générale, suppléer au nombre par la rapidité des marches, au manque d'artillerie par la nature des manœuvres, à l'infériorité de la cavalerie par le choix des positions. Dans une pareille situation, le moral du soldat fait beaucoup.

XI.

Opérer par des directions éloignées entre elles et sans communications, est une faute qui ordinairement en fait commettre une seconde. La colonne détachée n'a des ordres que pour le premier jour; ses opérations, pour le second jour, dépendent de ce qui est arrivé à la principale colonne : ainsi, selon les circonstances, cette colonne perdra du temps pour attendre des ordres, ou bien elle agira au hasard. On doit donc avoir pour principe qu'une armée doit toujours tenir toutes ses colonnes réunies, de manière que l'ennemi ne puisse pas s'introduire entre elles. Lorsque, par des raisons quelconques, on s'écarte de cette maxime, il faut que les corps détachés soient indépendants dans leurs opérations ; il faut que ces corps se dirigent vers un point fixe, sur lequel ils doivent se réunir ; ils doivent marcher sans hésiter et sans de nouveaux ordres ; enfin, il faut que ces corps soient le moins possible exposés à être attaqués isolément.

XII.

Une armée ne doit avoir qu'une seule ligne d'opération ; on doit la conserver avec soin, et ne l'abandonner que par suite de circonstances majeures.

XIII.

Les distances que les corps d'armée doivent mettre entre eux, dans les marches, dépendent des localités, des circonstances, et du but qu'on se propose.

XIV.

Dans les montagnes, on trouve partout un grand nombre de positions extrêmement fortes par elles-mêmes, qu'il faut se garder d'attaquer. Le génie de cette guerre consiste à occuper des camps, ou sur les flancs, ou sur les derrières de l'ennemi, qui ne lui laissent que l'alternative d'évacuer ses positions sans combattre pour en prendre une en arrière, ou d'en sortir pour vous attaquer. Dans la guerre de montagne, celui qui attaque a du désavantage ; même dans la guerre offensive, l'art consiste à n'avoir que des combats défensifs, et à obliger l'ennemi à attaquer.

XV.

La gloire et l'honneur des armes est le premier devoir qu'un général qui livre bataille doit considérer ; le salut et la conservation des hommes n'est que secondaire; mais c'est aussi dans cette audace, dans cette opiniâtreté, que se trouvent le salut et la conservation des hommes. Dans une retraite, outre l'honneur des armes, on perd souvent plus de monde que dans deux batailles : c'est pourquoi il ne faut jamais désespérer, tant qu'il reste des braves aux drapeaux ; par cette conduite, on obtient et on mérite d'obtenir la victoire.

XVI.

Une maxime de guerre bien éprouvée est de ne pas faire ce que veut l'ennemi, par la seule raison qu'il le désire : ainsi, on doit éviter le champ de bataille qu'il a reconnu et étudié; il faut mettre plus de soin encore à éviter celui qu'il a fortifié, et où il s'est retranché. Une conséquence de ce principe est de ne jamais attaquer de front une position qu'on peut obtenir en la tournant.

XVII.

Dans une guerre de marches et de manœuvres, pour éluder une bataille contre une armée supérieure, il faut se retrancher tous les soirs, et se placer toujours sur une bonne défensive. Les positions naturelles que l'on trouve ordinairement ne peuvent pas mettre une armée à l'abri de la supériorité d'une armée plus nombreuse, sans le secours de l'art.

XVIII.

Surpris par une armée supérieure, un général ordinaire, occupant une mauvaise position, cherchera son salut dans la retraite; mais un grand capitaine payera d'audace, et marchera à la rencontre de l'ennemi. Par ce mouvement, il déconcerte son adversaire; et si celui-ci met de l'irrésolution dans sa marche, un général habile, profitant de ce moment d'indécision, peut encore espérer la victoire, ou au moins gagner la journée en manœuvrant ; à la nuit, il peut se retrancher ou se replier sur une meilleure position. Par cette conduite hardie, il maintient l'honneur des armes, cette partie si essentielle de la force d'une armée.

XIX.

Le passage de l'ordre défensif à l'ordre offensif est une des opérations les plus délicates de la guerre.

XX.

On ne doit point abandonner sa ligne d'opération ; mais c'est une des manœuvres les plus habiles de l'art de la guerre de savoir la changer, lorsque l'on y est autorisé par les circonstances. Une armée qui change habilement sa ligne d'opération trompe l'ennemi, qui ne sait plus où sont ses derrières et les points faibles sur lesquels il peut la menacer.

XXI.

Quand une armée traîne à sa suite un équipage de siége, de grands convois de blessés et de malades, elle ne saurait prendre des chemins trop courts, pour se rapprocher le plus promptement de ses dépôts.

XXII.

L'art d'asseoir un camp sur une position n'est autre chose que l'art de prendre une ligne de bataille sur cette position. A cet effet, il faut que toutes les machines de jet soient en jeu et favorablement placées ; il faut choisir une position qui ne soit pas dominée et qui ne puisse pas être tournée ; et, autant que cela est possible, il faut qu'elle domine et enveloppe les positions environnantes.

XXIII.

Lorsqu'on occupe une position où l'ennemi

menace de vous envelopper, il faut vite rassembler ses forces, et menacer l'ennemi d'un mouvement offensif; par cette manœuvre, vous l'empêchez de se dégarnir, et de venir inquiéter vos flancs, dans le cas où vous jugeriez indispensable de battre en retraite.

XXIV.

Une maxime de guerre qu'on ne doit jamais oublier, est qu'il faut rassembler ses cantonnements sur le point le plus éloigné et le plus à l'abri de l'ennemi, surtout lorsque celui-ci paraît à l'improviste. De cette manière, on aura le temps de réunir toute l'armée avant que l'ennemi puisse attaquer.

XXV.

Quand deux armées sont en bataille et que l'une doit opérer sa retraite sur un point, tandis que l'autre peut se retirer sur tous les points de la circonférence, tous les avantages sont à cette dernière. C'est alors qu'un général doit être audacieux, frapper de grands coups, et manœuvrer sur les flancs de son ennemi ; la victoire est entre ses mains.

XXVI.

C'est aller contre les vrais principes, de faire agir séparément des corps qui n'ont entre eux aucune communication, vis-à-vis d'une armée centralisée et dont les communications sont faciles.

XXVII.

Lorsqu'on est chassé d'une première position, il faut rallier ses colonnes assez en arrière pour que l'ennemi ne puisse les prévenir : car ce qui peut arriver de plus fâcheux, c'est lorsque les colonnes sont attaquées isolément avant leur réunion.

XXVIII.

Il ne faut faire aucun détachement la veille

du jour d'une bataille, parce que dans la nuit l'état des choses peut changer, soit par des mouvements de retraite de l'ennemi, soit par l'arrivée de grands renforts qui le mettent à même de prendre l'offensive, et de rendre funestes les dispositions prématurées que vous avez faites.

XXIX.

Quand on veut livrer une bataille, il est de règle générale de rassembler toutes ses forces, de n'en négliger aucune; un bataillon quelquefois décide d'une journée.

XXX.

Rien n'est plus téméraire et plus contraire aux principes de la guerre, que de faire une marche de flanc devant une armée en position, surtout lorsque cette armée occupe des hauteurs au pied desquelles on doit défiler.

XXXI.

Donnez-vous toutes les chances de succès,

lorsque vous projetez de livrer une grande bataille, surtout si vous avez affaire à un grand capitaine : car si vous êtes battu, fussiez-vous au milieu de vos magasins, près de vos places, malheur au vaincu !

XXXII.

Le devoir d'une avant-garde ne consiste pas à s'avancer ou à reculer, mais à manœuvrer. Elle doit être composée de cavalerie légère, soutenue d'une réserve de cavalerie de ligne, et de bataillons d'infanterie ayant aussi des batteries pour les soutenir. Il faut que les troupes d'avant-garde soient d'élite, et que les généraux, officiers et soldats, connaissent bien leur tactique, chacun selon les besoins de son grade. Une troupe qui ne serait pas instruite, ne serait qu'un objet d'embarras à l'avant-garde.

XXXIII.

Il est contraire aux usages de la guerre de

faire entrer ses parcs et sa grosse artillerie dans un défilé dont on n'a pas l'extrémité opposée ; en cas de retraite, ils embarrasseront, et on les perdra. On doit les laisser en position sous une escorte convenable, jusqu'à ce qu'on soit maître du débouché.

XXXIV.

Il faut avoir pour principe de ne jamais mettre, entre les divers corps qui forment la ligne de bataille, des intervalles par où l'ennemi puisse pénétrer, à moins que ce ne soit pour l'attirer dans un piége.

XXXV.

Les camps d'une même armée doivent toujours être placés de manière à pouvoir se soutenir.

XXXVI.

Lorsque l'armée ennemie est couverte par un fleuve sur lequel elle a plusieurs têtes de pont, il ne faut pas l'aborder de front ; cette disposition dissémine votre armée, et vous expose à être coupé. Il faut s'approcher de la rivière qu'on veut passer, par des colonnes en échelons ; de sorte qu'il n'y ait qu'une seule colonne, la plus avancée, que l'ennemi puisse attaquer, sans prêter lui-même son flanc. Pendant ce temps, les troupes légères borderont la rive ; et lorsqu'on sera fixé sur le point où l'on veut passer le fleuve, on s'y portera rapidement et on jettera le pont. On doit encore observer que le point de passage doit toujours être éloigné de l'échelon de tête, afin de tromper l'ennemi.

XXXVII.

Du moment où l'on est maître d'une position qui domine la rive opposée, on acquiert bien des facilités pour effectuer le passage d'une rivière, surtout si cette position a assez d'étendue pour y placer une nombreuse artillerie. Cet avantage est moindre si la rivière a plus de trois cents toises, parce que la mitraille n'arrivant plus sur la rive opposée, les troupes qui défendent le passage peuvent facilement se défiler et se mettre à l'abri du feu. Il arrive alors que si les grenadiers chargés de passer le fleuve pour protéger la construction du pont, peuvent atteindre l'autre rive, ils seront écrasés par la mitraille de l'ennemi, puisque ses batteries, placées à deux cents toises du débouché du pont, sont à portée de faire un feu très-meurtrier, quoique éloignées de plus de cinq cents toises des batteries de l'armée qui veut passer ; de sorte que l'avantage de l'artillerie est tout entier pour lui. Aussi, dans ce cas, le passage n'est-il possible que si l'on parvient à surprendre l'ennemi, et qu'on est protégé par une île intermédiaire, ou bien lorsqu'on profite d'un rentrant très-prononcé qui permet d'établir des batteries croisant leurs feux sur la gorge. Cette île, ou ce rentrant, forme alors une tête de pont naturelle, et donne l'avantage de l'artillerie à l'armée qui attaque.

Quand une rivière a moins de soixante toises, et qu'on a un commandement sur la rive opposée, les troupes qui sont jetées sur l'autre bord étant sous la protection de l'artillerie, se trouvent avoir tant d'avantages, que, pour peu que la rivière forme un rentrant, il est impossible à l'ennemi d'empêcher l'établissement du pont. Dans ce cas, les plus habiles généraux, lorsqu'ils ont pu prévoir les projets de leur ennemi, et arriver avec leur armée sur le point du passage, se sont contentés de s'opposer au passage du pont. Le pont étant un vrai défilé, il faut se placer en demi-cercle à l'entour de son extrémité, et se défiler du feu de la rive opposée, à la distance de trois ou quatre cents toises.

XXXVIII.

Il est difficile d'empêcher un ennemi qui a des équipages de pont, de passer une rivière. Lorsque l'armée qui défend le passage a pour but de couvrir un siége, aussitôt que le général qui la commande aura la certitude qu'il ne peut s'opposer au passage, il doit prendre ses mesures pour arriver avant l'ennemi à une position intermédiaire entre la rivière qu'il défend et la place qu'il couvre.

XXXIX.

Turenne, dans la campagne de 1645, fut acculé, avec son armée, sous Philipsbourg, par une armée fort nombreuse ; il ne se trouva pas de pont sur le Rhin, mais il profita du terrain entre le fleuve et la place pour y établir son camp. Ceci doit être une leçon pour les officiers du génie, non-seulement pour la construction des places fortes, mais aussi pour la construction des têtes de pont. Il faut laisser un espace entre la place et la rivière, de manière que, sans entrer dans la place, ce qui en compromettrait la sûreté, une armée puisse se ranger et se rallier entre la place et le pont. Une armée qui se retire sur Mayence, étant poursuivie, est nécessairement compromise, puisqu'il faut plus d'un jour pour passer le pont, et que l'enceinte de Cassel est trop petite pour qu'une armée puisse y rester sans l'encombrer ; il eût fallu laisser deux cents toises entre la place et le Rhin. Il est essentiel que les têtes de pont, devant les grandes rivières, soient tracées d'après ce principe; autrement, elles seront d'un faible secours pour protéger le passage d'une armée en retraite. Les têtes de pont, telles qu'elles sont enseignées dans les écoles, ne sont bonnes que devant les petites rivières où le défilé n'est pas long.

XL.

Les places fortes sont utiles pour la guerre offensive comme pour la guerre défensive. Sans doute elles ne peuvent pas seules arrêter une armée, mais elles sont un excellent moyen pour retarder, entraver, affaiblir et inquiéter un ennemi vainqueur.

XLI.

Il n'y a que deux moyens d'assurer le siége d'une place : l'un, de commencer par battre l'armée ennemie chargée de couvrir cette place, l'éloigner du champ d'opération, et en jeter les débris au delà de quelque obstacle naturel, tel que des montagnes ou une grande rivière; ce premier obstacle vaincu, il faut placer une armée d'observation derrière cet obstacle naturel, jusqu'à ce que les travaux du siége soient achevés et la place prise. Mais si l'on veut prendre la place devant une armée de secours, sans risquer une bataille, il faut être pourvu d'un équipage de siége, avoir ses munitions et ses vivres pour le temps présumé de la durée du siége, et former ses lignes de contrevallation et de circonvallation en s'aidant des localités, telles que hauteurs, bois, marais, inondations. N'ayant plus alors besoin d'entretenir aucune communications avec les places de dépôt, il n'est plus besoin que de contenir l'armée de secours; dans ce cas, on forme une armée d'observation qui ne la perd pas de vue, et qui, lui barrant le chemin de la place, a toujours le temps d'arriver sur ses flancs ou sur ses derrières, si elle lui dérobait une marche; en profitant des lignes de contrevallation, on peut employer une partie du corps assiégeant pour livrer bataille à l'armée de secours. Ainsi, pour assiéger une place devant une armée ennemie, il faut en couvrir le siége par des lignes de circonvallation. Si l'armée est assez forte pour qu'après avoir laissé devant la place un corps quadruple de la garnison, elle soit encore aussi nombreuse que l'armée de secours, elle peut s'éloigner de plus d'une marche; si elle reste inférieure après ce détachement, elle doit se placer à une petite journée de marche du siége, afin de pouvoir se replier sur les lignes, ou bien recevoir du secours en cas d'attaque. Si les deux armées de siége et d'observation ensemble ne sont qu'égales à l'armée de secours, l'armée assiégeante doit tout entière rester dans les lignes ou près des lignes, et s'occuper des travaux du siége, pour le pousser avec toute l'activité possible.

XLII.

Feuquières a dit qu'on ne doit jamais attendre son ennemi dans les lignes de circonvallation, et qu'on doit en sortir pour l'attaquer. Il est dans l'erreur ; rien ne peut être absolu à la guerre, et on ne doit pas proscrire le parti d'attendre son ennemi dans les lignes de circonvallation.

XLIII.

Ceux qui proscrivent les lignes de circonvallation et tous les secours que l'art de l'ingénieur peut donner, se privent gratuitement d'une force et d'un moyen auxiliaire qui ne sont jamais nuisibles, presque toujours utiles et souvent indispensables. Cependant les principes de la fortification de campagne ont besoin d'être améliorés ; cette partie importante de l'art de la guerre n'a fait aucun progrès depuis les Anciens: elle est même aujourd'hui au-dessous de ce qu'elle était il y a deux mille ans. Il faut donc encourager les officiers du génie à perfectionner cette partie de leur art, et à la porter au niveau des autres.

XLIV.

Les circonstances ne permettant pas de laisser une garnison suffisante pour défendre une ville de guerre où l'on aurait un hôpital et des magasins, on doit au moins employer tous les moyens possibles pour mettre la citadelle à l'abri d'un coup de main.

XLV.

Une place de guerre ne peut protéger la garnison et arrêter l'ennemi qu'un certain temps; ce temps écoulé, et les défenses de la place détruites, la garnison posera les armes. Tous les peuples civilisés ont été d'accord sur cet objet, et il n'y a jamais eu de discussion que sur le plus ou moins de défense que doit faire un gouverneur avant de capituler. Cependant, il est des généraux, Villars est de ce nombre, qui pensent qu'un gouverneur ne doit jamais se rendre; mais, à la dernière extrémité, il doit faire sauter les fortifications, et profiter de l'obscurité pour se frayer un passage au travers de l'armée assiégeante. Dans le cas où l'on ne peut pas faire sauter les fortifications, on peut toujours sortir avec sa garnison et sauver les hommes. Les commandants qui ont adopté ce parti, ont rejoint leur armée avec les trois quarts de leur garnison.

XLVI.

Les clefs d'une place de guerre valent bien la liberté de sa garnison, lorsqu'elle est résolue de n'en sortir que libre : ainsi, il est toujours plus avantageux d'accorder une capitulation honorable à une garnison qui a montré une vigoureuse résistance, que de courir les chances d'un assaut.

XLVII.

L'infanterie, la cavalerie et l'artillerie ne peuvent pas se passer l'une de l'autre : aussi doivent-elles être cantonnées de manière à pouvoir toujours s'assister, en cas de surprise.

XLVIII.

L'infanterie ne doit se ranger en ligne que sur deux rangs, parce que le fusil ne permet de tirer que sur cet ordre, et qu'il est reconnu que le feu du troisième rang est très-imparfait, et même qu'il est nuisible à celui des deux premiers. En rangeant l'infanterie sur deux rangs, il faut lui donner un rang de serre-files d'un neuvième, ou un par toise; à douze toises en arrière des flancs, il faut placer une réserve.

XLIX.

La méthode de mêler des pelotons d'infanterie avec la cavalerie est vicieuse; elle n'a que des inconvénients. La cavalerie cesse d'être mobile; elle est gênée dans tous ses mouvements, elle perd son impulsion. L'infanterie même est compromise; car, au premier mouvement de la cavalerie, elle reste sans appui. La meilleure manière de protéger la cavalerie est d'en appuyer le flanc.

L.

Les charges de cavalerie sont également bonnes au commencement, au milieu ou à la fin d'une bataille ; elles doivent être exécutées toutes les fois qu'elles peuvent se faire sur les flancs de l'infanterie, surtout lorsque celle-ci est engagée de front.

LI.

C'est à la cavalerie à poursuivre la victoire, et à empêcher l'ennemi battu de se rallier.

LII.

L'artillerie est plus nécessaire à la cavalerie qu'à l'infanterie, puisque la cavalerie ne rend pas de feu et ne peut se battre qu'à l'arme blanche. C'est pour subvenir à ce besoin qu'on a créé l'artillerie à cheval. La cavalerie doit donc toujours avoir avec elle ses batteries, soit qu'elle attaque, soit qu'elle reste en position, soit qu'elle se rallie.

LIII.

En marche ou en position, la plus grande partie de l'artillerie doit être avec les divisions d'infanterie et de cavalerie ; le reste doit être placé en réserve. Une pièce de canon doit avoir avec elle trois cents coups à tirer, non compris le coffret ; c'est environ la consommation de deux batailles.

LIV.

Les batteries doivent être placées dans les positions les plus avantageuses, et le plus en avant possible des lignes de l'infanterie et de la cavalerie, sans cependant qu'elles puissent se trouver compromises. Il est bon que les batteries commandent la campagne de toute la hauteur de la plate-forme ; il faut qu'elles ne soient point masquées de droite et de gauche, de manière que leurs feux puissent être dirigés dans tous les sens.

LV.

Un général doit éviter de mettre son armée en quartiers de rafraîchissement, quand il a la facilité de réunir des magasins de vivres et de fourrages, et de fournir ainsi au besoin du soldat.

LVI.

Un bon général, de bons cadres, une bonne organisation, une bonne instruction, une discipline sévère, font de bonnes troupes, indépendamment de la cause pour laquelle elles se battent. Cependant le fanatisme, l'amour de la patrie, la gloire nationale, peuvent aussi inspirer les jeunes troupes avec avantage.

LVII.

Quand une nation n'a pas de cadres et un principe d'organisation militaire, il lui est bien difficile d'organiser une armée.

LVIII.

La première qualité du soldat est la constance à supporter la fatigue et les privations ; la valeur n'est que la seconde. La pauvreté, les privations et la misère sont l'école du bon soldat.

LIX.

Il est cinq choses qu'il ne faut jamais séparer du soldat : son fusil, ses cartouches, son sac, ses vivres pour au moins quatre jours, et son outil de pionnier. Qu'on réduise son sac au moindre volume possible, si on le juge nécessaire, mais que le soldat l'ait toujours avec lui.

LX.

Il faut encourager, par tous les moyens, les soldats à rester sous les drapeaux ; ce qu'on obtiendra facilement en témoignant une grande estime aux vieux soldats. Il faudrait aussi augmenter la solde en raison des années de services, car il y a une grande injustice à ne pas mieux payer un vétéran qu'une recrue.

LXI.

Ce ne sont pas les harangues au moment du feu qui rendent les soldats braves ; les vieux vétérans les écoutent à peine, et les recrues les oublient au premier coup de canon. Si les harangues et les raisonnements sont utiles, c'est dans le courant de la campagne, pour détruire les insinuations, les faux bruits, maintenir un bon esprit dans le camp, et fournir des matériaux aux causeries des bivouacs. L'ordre du jour imprimé doit remplir ces différents buts.

LXII.

Les tentes ne sont point saines ; il vaut mieux que le soldat bivouaque, parce qu'il dort les pieds au feu, dont le voisinage sèche promptement le terrain sur lequel il se couche; quelques planches ou un peu de paille l'abritent du vent. Cependant la tente est nécessaire pour les chefs, qui ont besoin d'écrire et de consulter la carte; il faut donc en donner aux officiers supérieurs, et leur ordonner de ne jamais coucher dans une maison. Les tentes sont un objet d'observation pour l'état-major ennemi; elles lui donnent des renseignements sur votre nombre et sur la position que vous occupez. Mais une armée, rangée sur deux ou trois lignes de bivouacs, ne laisse apercevoir au loin qu'une fumée que l'ennemi confond avec les brouillards de l'atmosphère; il est impossible de compter le nombre des feux.

LXIII.

Les renseignements que l'on obtient des prisonniers doivent être appréciés à leur juste valeur; un soldat ne voit guère au delà de sa compagnie, et l'officier peut tout au plus rendre compte de la position ou des mouvements de la division à laquelle appartient son régiment. Ainsi le général en chef ne doit prendre en considération les aveux qu'on arrache aux prisonniers, que lorsqu'ils se rencontrent avec les rapports des avant-gardes, pour justifier ses conjectures sur la position qu'occupe l'ennemi.

LXIV.

Rien n'est plus important à la guerre que l'unité dans le commandement ; aussi, quand on ne fait la guerre que contre une seule puissance, il ne faut avoir qu'une seule armée, n'agissant que sur une seule ligne, et conduite par un seul chef.

LXV.

A force de disserter, de faire de l'esprit, de tenir des conseils, il arrivera ce qui est arrivé dans tous les siècles, en suivant une pareille marche: c'est qu'on finit par prendre le plus mauvais parti, qui presque toujours, à la guerre, est le plus pusillanime, ou, si l'on veut, le plus prudent. La vraie sagesse, pour un général, est dans une détermination énergique.

LXVI.

A la guerre, le chef seul comprend l'importance de certaines choses, et il peut seul, par sa volonté et par ses lumières supérieures, vaincre et surmonter toutes les difficultés.

LXVII.

Autoriser les généraux et les officiers à poser les armes, en vertu d'une capitulation particulière, dans toute autre position que celle où ils forment la garnison d'une place de guerre, offre des dangers incontestables. C'est détruire l'esprit militaire d'une nation que d'ouvrir cette porte aux lâches, aux hommes timides, ou même aux braves égarés. Dans une situation extraordinaire, il faut une résolution extraordinaire; plus la résistance d'un corps armé sera opiniâtre, plus on aura de chances d'être secouru ou de percer. Que de choses paraissaient impossibles, et qui cependant ont été faites par des hommes résolus, qui n'avaient plus d'autre ressource que la mort !

LXVIII.

Aucun souverain, aucun peuple, aucun général ne peut avoir de garanties, s'il tolère que les officiers capitulent en plaine, et posent les armes en vertu d'un contrat favorable aux individus du corps qui le contracte, mais contraire aux intérêts du reste de l'armée. Se soustraire au péril, pour rendre la position de ses camarades plus dangereuse, est évidemment une lâcheté ; une pareille conduite doit être proscrite, déclarée infame, et passible de la peine de mort. Les généraux, les officiers, les soldats qui, dans une bataille, ont sauvé leur vie par une capitulation, doivent être décimés ; celui qui commande de rendre les armes, et ceux qui obéissent, sont également traîtres, et méritent la peine capitale.

LXIX.

Il n'est qu'une manière honorable d'être fait prisonnier de guerre, c'est d'être pris isolément, et lorsqu'on ne peut plus se servir de ses armes. Alors il n'y a pas de conditions, car il ne saurait y en avoir avec l'honneur ; mais on est forcé de se rendre prisonnier par une nécessité absolue.

LXX.

La conduite d'un général, dans un pays conquis, est environnée d'écueils. S'il est dur, il irrite et accroît le nombre de ses ennemis ; s'il est doux, il donne des espérances, qui font ressortir davantage les abus et les vexations inévitablement attachés à l'art de la guerre. Un conquérant doit savoir employer tour à tour la sévérité, la justice et la douceur, soit pour calmer les séditions, soit pour les prévenir.

LXXI.

Rien ne peut excuser un général de profiter des lumières acquises au service de sa patrie, pour la combattre et en livrer les boulevards aux nations étrangères ; ce crime est réprouvé par les principes de la religion, de la morale et de l'honneur.

LXXII.

Un général en chef n'est pas à couvert de ses fautes à la guerre, par un ordre de son souverain ou du ministre, quand celui qui le donne est éloigné du champ d'opération, et qu'il connaît mal, ou ne connaît pas du tout le dernier état des choses. D'où il résulte que tout général en chef qui se charge d'exécuter un plan qu'il trouve mauvais, est coupable ; il doit représenter ses motifs, insister pour que le plan soit changé, enfin donner sa démission, plutôt que d'être l'instrument de la ruine de son armée. Tout général en chef qui, en conséquence d'ordres supérieurs, livre une bataille ayant la certitude de la perdre, est également coupable. Dans ce dernier cas, il doit refuser d'obéir, parce qu'un ordre militaire n'exige une obéissance passive que lorsqu'il est donné par un supérieur qui se trouve présent sur le théâtre de la guerre au moment où il le donne; ayant alors connaissance de l'état des choses, il peut écouter les objections et donner les explications nécessaires à celui qui doit exécuter l'ordre. Mais si un général en chef reçoit un ordre absolu de son souverain pour livrer une bataille, avec l'injonction de céder la victoire à son adversaire et de se laisser battre, doit-il obéir? Non. Si le général comprenait l'utilité d'un ordre aussi étrange, il devrait l'exécuter; mais s'il ne la comprenait pas, il doit refuser d'obéir.

LXXIII.

La première qualité d'un général en chef est d'avoir une tête froide, qui reçoive une impression juste des objets; il ne doit pas se laisser éblouir par les bonnes ou mauvaises nouvelles ; les sensations qu'il reçoit successivement ou simultanément, dans le cours d'une journée, doivent se classer dans sa mémoire, de manière à n'occuper que la place qu'elles méritent d'occuper : car la raison et le jugement sont le résultat de la comparaison de plusieurs sensations prises en égale considération. Il est des hommes qui, par leur constitution physique et morale, se font de chaque chose un tableau : quelque savoir, quelque esprit, quelque courage et quelques bonnes qualités qu'ils aient d'ailleurs, la nature ne les a point appelés au commandement des armées et à la direction des grandes opérations de la guerre.

LXXIV.

Bien connaître la carte, entendre la partie des reconnaissances, soigner l'expédition des ordres, présenter avec simplicité les mouvements les plus composés d'une armée, voilà ce qui doit distinguer l'officier appelé au service de chef d'état-major.

LXXV.

Il est du devoir d'un général d'artillerie de connaître l'ensemble des opérations de l'armée, puisqu'il est obligé de fournir d'armes et de munitions les différentes divisions dont elle se compose. Ses relations avec les commandants d'artillerie qui sont aux avant-postes, doivent le mettre au courant de tous les mouvements de l'armée; et la conduite de son grand parc doit dépendre de ces renseignements.

LXXVI.

Reconnaître lestement les défilés et les gués, s'assurer de guides sûrs, interroger le curé et le maître de poste, avoir rapidement des intelligences avec les habitants, expédier des espions, saisir les lettres de la poste, les traduire, les analyser; répondre enfin à toutes les questions du général en chef, lorsqu'il arrive avec toute l'armée : telles sont les qualités que doit avoir un bon général d'avant-poste.

LXXVII.

Les généraux en chef sont guidés par leur propre expérience ou par leur génie. La tactique, les évolutions, la science de l'officier du génie, de l'officier d'artillerie, peuvent s'apprendre dans des traités ; mais la connaissance de la grande tactique ne s'acquiert que par l'expérience, et par l'étude de l'histoire des campagnes de tous les grands capitaines. Gustave-Adolphe, Turenne, Frédéric, comme Alexandre, Annibal et César, ont tous agi d'après les mêmes principes. Tenir ses forces réunies, n'être vulnérable sur aucun point, se porter avec rapidité sur les points importants : tels sont les principes qui assurent la victoire ; inspirer de la crainte par la réputation de ses armes : voilà ce qui maintient la fidélité des alliés et l'obéissance des peuples conquis.

LXXVIII.

Lisez, relisez les campagnes d'Alexandre, Annibal, César, Gustave, Turenne, Eugène, et de Frédéric; modelez-vous sur eux : voilà le seul moyen de devenir grand capitaine, et de surprendre les secrets de l'art de la guerre. Votre génie, éclairé par cette étude, vous fera rejeter les maximes opposées à celles de ces grands hommes.

SECONDE PARTIE.

LXXIX.

Le premier principe d'un général en chef est de calculer ce qu'il fait, de voir s'il a tous les moyens de surmonter les obstacle que peut lui opposer l'ennemi, et quand il est résolu, de tout faire pour les surmonter.

LXXX.

L'art d'un général d'avant-garde ou d'arrière-garde est, sans se compromettre, de contenir l'ennemi, de le retarder, de l'obliger à mettre trois ou quatre heures à faire une lieue. La tactique seule donne les moyens d'arriver à ces grands résultats; elle est plus nécessaire à la cavalerie qu'à l'infanterie, à l'avant-garde ou à l'arrière-garde que dans toute autre position.

LXXXI.

Il est rare et difficile de réunir toutes les qualités nécessaires à un grand général. Ce qui est le plus désirable et tire aussitôt un homme hors de ligne, c'est que, chez lui, l'esprit ou le talent soit en équilibre avec le caractère ou le courage. Si le courage est de beaucoup supérieur, le général entreprend vicieusement au delà de ses conceptions; et au contraire, il n'ose pas les accomplir si son caractère ou son courage demeure au-dessous de son esprit.

LXXXII.

Chez un grand général, il n'est pas de grandes actions suivies qui soient l'œuvre du hasard et de la fortune : elles dérivent toujours de la combinaison et du génie.

LXXXIII.

Un général en chef ne doit jamais laisser se reposer ni les vainqueurs ni les vaincus.

LXXXIV.

Un général irrésolu qui agit sans principes et sans plan, quoique à la tête d'une armée supérieure en nombre à celle de l'ennemi, se trouve presque toujours inférieur à ce dernier sur le champ de bataille. Les tâtonnements, les *mezzo termine* perdent tout à la guerre.

LXXXV.

Ce qu'il faut surtout à un général du génie d'une armée, qui doit concevoir, proposer et diriger tous les travaux de son arme, c'est un bon jugement et de la solidité dans l'esprit.

LXXXVI.

Le général de cavalerie doit posséder la science pratique, connaître le prix des secondes, mépriser la vie et ne pas se fier au hasard.

LXXXVII.

Un général au pouvoir de l'ennemi n'a plus d'ordres à donner : celui qui lui obéit est criminel.

LXXXVIII.

La cavalerie de ligne doit être à l'avant-garde, à l'arrière-garde, aux ailes et en réserve, pour appuyer la cavalerie légère.

LXXXIX.

Vouloir réserver la cavalerie pour la fin de

la bataille, c'est n'avoir aucune idée de la puissance des charges combinées de l'infanterie et de la cavalerie, soit pour l'attaque, soit pour la défense.

XC.

La force de la cavalerie est dans son impulsion ; mais ce n'est pas seulement sa vélocité qui assure son succès : c'est l'ordre, l'ensemble et le bon emploi de ses réserves.

XCI.

La cavalerie doit être dans une armée, en Flandre ou en Allemagne, le quart de l'infanterie ; sur les Pyrénées, sur les Alpes, un vingtième ; en Italie, en Espagne, un sixième.

XCII.

En bataille comme à un siége, l'art consiste à faire converger un grand nombre de feux sur un même point : la mêlée une fois établie, celui qui a l'adresse de faire arriver subitement et à l'insu de l'ennemi, sur un de ces points, une masse inopinée d'artillerie, est sûr de l'emporter.

XCIII.

Plus l'infanterie est bonne, plus il faut la ménager et l'appuyer par de bonnes batteries.

Une bonne infanterie est sans doute le nerf de l'armée, mais si elle avait longtemps à combattre contre une artillerie très-supérieure, elle se démoraliserait et serait détruite. Il se peut qu'un général plus manœuvrier, plus habile que son adversaire, ayant dans sa main une meilleure infanterie, obtienne des succès pendant une partie de la campagne, quoique son parc d'artillerie soit fort inférieur ; mais, au jour décisif d'une action générale, il sentira cruellement son infériorité en artillerie.

XCIV.

Une bonne armée de 35 à 40,000 hommes doit, en peu de jours, surtout lorsqu'elle est appuyée à une grande place et à une grande rivière, rendre son camp inattaquable par une armée double en force.

XCV.

La guerre ne se compose que d'accidents, et, bien que tenu de se plier à des principes généraux, un général ne doit jamais perdre de vue tout ce qui peut le mettre à même de profiter de ces accidents ; c'est le propre du génie.

A la guerre, il n'y a qu'un moment favorable ; le grand talent est de le bien saisir.

XCVI.

Les généraux qui gardent des troupes fraîches pour le lendemain d'une bataille, sont presque toujours battus. On doit, s'il est utile, faire donner jusqu'à son dernier homme, parce que le lendemain d'un succès complet, on n'a plus d'obstacle devant soi ; l'opinion seule assure de nouveaux triomphes au vainqueur.

XCVII.

Les règles de la guerre veulent qu'une division d'une armée évite de se battre seule contre toute une armée qui a déjà obtenu des succès.

XCVIII.

Lorsqu'un général a surpris l'investissement d'une place, a gagné sur son adversaire quelques jours, il doit en profiter pour se couvrir par des lignes de circonvallation : dès ce moment, il a amélioré sa position et acquis dans la masse générale des affaires un nouveau degré de force, un nouvel élément de puissance.

XCIX.

A la guerre, un commandant de place n'est pas juge des événements ; il doit défendre la place jusqu'à la dernière heure ; il mérite la mort, quand il la rend un moment plus tôt qu'il n'y est obligé.

C.

Les capitulations faites par des corps cernés, soit pendant une bataille, soit pendant une campagne active, sont un contrat dont toutes les clauses avantageuses sont en faveur des individus qui contractent, et dont toutes les clauses onéreuses sont pour le prince et les autres soldats de l'armée. Se soustraire au péril pour rendre la position plus dangereuse, est évidemment une lâcheté.

CI.

La guerre défensive n'exclut pas l'attaque, de même que la guerre offensive n'exclut pas la défense, quoique son but soit de forcer la frontière et d'envahir le pays ennemi.

CII.

L'art de la guerre indique qu'il faut tourner et déborder une aile sans séparer l'armée.

CIII.

Les fortifications de campagne sont toujours utiles, jamais nuisibles, lorsqu'elles sont bien entendues.

CIV.

Une armée passe toujours, et en toute saison, partout où deux hommes peuvent poser le pied.

CV.

Les circonstances du terrain seules ne doivent pas décider de l'ordre de bataille, qui doit être déterminé par la réunion de toutes les circonstances.

CVI.

Il faut éviter les marches de flanc ; et lorsqu'on en fait, il faut les faire les plus courtes possible et avec une grande rapidité.

CVII.

Rien n'est plus propre à désorganiser et à perdre tout à fait une armée que le pillage.

CVIII.

Les louanges des ennemis sont suspectes ; elles ne peuvent flatter un homme d'honneur que lorsqu'elles sont données après la cessation des hostilités.

CIX.

Les prisonniers de guerre n'appartiennent pas à la puissance pour laquelle ils ont combattu ; ils sont tous sous la sauvegarde de l'honneur et de la générosité de la nation qui les a désarmés.

CX.

Les provinces conquises doivent être contenues dans l'obéissance aux vainqueurs par des moyens moraux : la responsabilité des communes, le mode d'organisation de l'administration. Les ôtages sont un des moyens les plus puissants ; mais, pour cela, il faudrait qu'ils fussent nombreux et choisis parmi les hommes prépondérants, et que les peuples pussent être persuadés que la mort des ôtages est la suite immédiate de la violation de leur foi.

CXI.

Les circonstances territoriales du pays, le séjour des plaines ou des montagnes, l'éducation ou la discipline, ont plus d'influence que le climat sur le caractère des troupes.

CXII.

Tous les grands capitaines n'ont fait de grandes choses qu'en se conformant aux règles et aux principes naturels de l'art, c'est-à-dire par la justesse des combinaisons et le rapport raisonné des moyens avec les conséquences, des efforts avec les obstacles. Ils n'ont réussi qu'en s'y conformant, quelles qu'aient été, d'ailleurs, l'audace de leurs entreprises et l'étendue de leurs succès. Ils n'ont cessé de faire constamment de la guerre une véritable science. C'est à ce titre seul qu'ils sont nos grands modèles, et ce n'est qu'en les imitant qu'on doit espérer d'en approcher.

CXIII.

La première loi de la tactique maritime doit être qu'aussitôt que l'amiral a donné le signal qu'il veut attaquer, chaque capitaine ait à faire les mouvements nécessaires pour attaquer un vaisseau ennemi, prendre part au combat et soutenir ses voisins.

CXIV.

La guerre de terre consomme, en général, plus d'hommes que celle de mer ; elle est plus périlleuse. Le soldat de mer, sur une escadre, ne se bat qu'une fois dans une campagne ; le soldat de terre se bat tous les jours. Le soldat de mer, quels que soient les dangers et les fatigues attachés à cet élément, en éprouve beaucoup moins que celui de terre : il ne souffre jamais de la faim, de la soif ; il a toujours avec lui son logement, sa cuisine, son hôpital et sa pharmacie. Les armées de mer, dans les services de France et d'Angleterre, où la discipline maintient la propreté, et où l'expérience a fait connaître toutes les mesures qu'il faut prendre pour conserver la santé, ont moins de malades que les armées de terre. Indépendamment du péril des combats, le soldat de mer a celui des tempêtes ; mais l'art a tellement diminué ce dernier, qu'il ne peut être comparé à ceux de terre, tels qu'émeutes populaires, assassinats partiels, surprises de troupes légères ennemies.

CXV.

Un général commandant en chef une armée navale et un général commandant en chef une armée de terre, sont des hommes qui ont besoin de qualités différentes. On naît avec les qualités propres pour commander une armée de terre, tandis que les qualités nécessaires pour commander une armée navale ne s'acquièrent que par expérience.

L'art de la guerre de terre est un art de génie, d'inspiration. Dans celui de mer, rien n'est génie ni inspiration ; tout y est positif et expérience. Le général de mer n'a besoin que d'une science, celle de la navigation. Celui de terre a besoin de toutes, ou d'un talent qui équivaut à toutes, celui de profiter de toutes les expériences et de toutes les connaissances. Un général de mer n'a rien à deviner ; il sait où est son ennemi, il connaît sa force. Un général de terre ne sait jamais rien certainement, ne voit jamais bien son ennemi, ne sait jamais positivement où il est. Lorsque les armées sont en présence, le moindre accident de terrain, le moindre bois cache une partie de l'armée. L'œil le plus exercé ne peut pas dire s'il voit toute l'armée ennemie ou seulement les trois quarts. C'est par les yeux de l'esprit, par l'ensemble de tout le raisonnement, par une espèce d'inspiration que le général de terre voit, connaît et juge. Le général de mer n'a besoin que d'un coup d'œil exercé ; rien des forces de l'ennemi ne lui est caché. Ce qui rend difficile le métier de général de terre, c'est la nécessité de nourrir tant d'hommes et d'animaux ; s'il se laisse guider par les administrateurs, il ne bougera plus, et ses expéditions échoueront. Celui de mer n'est jamais gêné, il porte tout avec lui. Un général de mer n'a point de reconnaissances à faire, ni de terrains à examiner, ni de champ de bataille à étudier. Mer des Indes, mer d'Amérique, Manche, c'est toujours une plaine liquide. Le plus habile n'aura d'avantage sur le moins habile que par la connaissance des vents qui règnent dans tels ou tels parages, par la prévoyance de ceux qui doivent régner, ou par les signes de l'atmosphère : qualités qui s'acquièrent par l'expérience, et par l'expérience seulement.

Le général de terre ne connaît jamais le champ de bataille où il doit opérer. Son coup d'œil est celui de l'inspiration, il n'a aucun renseignement positif; les données pour arriver à la connaissance des localités sont si éventuelles, que l'on n'apprend presque rien par expérience. C'est une faculté de saisir tout d'abord les rapports qu'ont les terrains selon la nature des contrées ; c'est enfin un don qu'on appelle coup d'œil militaire, et que les grands généraux ont reçu de la nature. Cependant, les observations qu'on a pu faire sur des cartes topographiques, la facilité que donnent l'éducation et l'habitude de lire sur les cartes, peuvent être de quelque secours.

Un général en chef de mer dépend plus de ses capitaines de vaisseau, qu'un général en chef de terre de ses généraux. Ce dernier a la faculté de prendre lui-même le commandement direct des troupes, de se porter sur tous les points et de remédier aux faux mouvements. Un général de mer n'a personnellement d'influence que sur les hommes du vaisseau où il se trouve ; la fumée empêche les signaux d'être vus, les vents changent ou ne sont pas les mêmes sur tout l'espace que couvre sa ligne. C'est donc, de tous les métiers, celui où les subalternes doivent le plus prendre sur eux.

NOTES DES MAXIMES.

PREMIÈRE PARTIE.

1.

Napoléon dans sa carrière militaire, semble avoir été appelé à surmonter toutes les difficultés qui peuvent se présenter dans les guerres d'invasion. En Egypte, il a franchi les déserts, vaincu et détruit les Mamelouks, si vantés pour leur adresse et leur courage ; il a su ployer son génie à tous les dangers de cette expédition lointaine, dans un pays où tout se trouvait étranger aux besoins de son armée. Pour conquérir l'Italie, il a franchi deux fois les Alpes, dans les passages les plus difficiles, et dans une saison qui multipliait encore les difficultés. En trois mois, il passe les Pyrénées, bat et disperse quatre armées espagnoles. Enfin, des rives du Rhin à celles du Borysthène, aucune barrière naturelle n'a pu arrêter la marche rapide de ses armées victorieuses.

II.

On voit quelquefois réussir un plan de campagne hasardeux, et qui viole tous les principes de l'art de la guerre ; mais ce succès dépend ordinairement des caprices de la fortune ou des fautes que fait l'ennemi, deux choses sur lesquelles on ne peut et on ne doit jamais compter.

Quoique basé sur les vrais principes de la guerre, un plan de campagne arrêté d'avance risque souvent d'échouer, si l'on a affaire à un adversaire qui, d'abord se tenant sur la défensive, finit par prendre l'initiative, en improvisant d'habiles manœuvres. Tel fut le plan tracé par le conseil aulique, pour la campagne de 1796, commandée par le maréchal Wurmser. La grande supériorité numérique de son armée lui faisait espérer l'entière destruction de l'armée française, à laquelle il voulait couper toute retraite. Le maréchal basait ses opérations sur la situation défensive de son adversaire, qui, placé sur la ligne de l'Adige, avait à couvrir le siége de Mantoue, la moyenne et la basse Italie. Wurmser, supposant donc l'armée française fixée autour de Mantoue, forma son armée en trois corps, qui se mirent en marche isolément pour se réunir sur cette place. Napoléon ayant deviné les projets du général autrichien, sentit tout l'avantage que lui donnerait l'initiative sur une armée divisée en trois corps, qui n'avaient entre eux aucune communication. Il se hâta de lever le siége de Mantoue, rassembla toutes ses forces, et, par ce moyen, se trouva partout supérieur à l'armée impériale, dont il attaqua et battit les divisions séparément. Ainsi, le maréchal Wurmser, qui d'abord n'avait songé qu'à profiter d'une victoire qu'il regardait comme certaine, se vit forcé, après dix jours de campagne, de retirer les débris de son armée dans le Tyrol, après avoir perdu vingt-cinq mille hommes tués ou blessés, quinze mille prisonniers, soixante-dix pièces de canon et neuf drapeaux.

Rien n'est donc plus difficile que de tracer d'avance à un général en chef la conduite qu'il doit tenir pendant une campagne ; car, outre que le succès dépend souvent des circonstances qui n'ont point été prévues, on étouffe les inspirations du génie, en faisant agir le chef d'une armée d'après une volonté étrangère.

III.

Ces principes généraux de l'art furent totalement oubliés ou inconnus dans les guerres du Moyen-Age. Les croisés, dans leurs nombreuses incursions en Palestine, semblaient n'avoir pour but que de combattre et de vaincre, tant ils prenaient peu de soin pour profiter de la victoire : aussi a-t-on vu des armées innombrables aller périr en Syrie, sans en retirer d'autre avantage que le plus ou le moins de succès momentanés, remportés ordinairement par leur supériorité numérique.

C'est aussi par l'oubli de ces principes que

Charles XII, abandonnant sa ligne d'opération et toute communication avec la Suède, se jeta dans l'Ukraine, où il perdit la plus grande partie de son armée, par les fatigues d'une campagne d'hiver, dans un pays désert et dénué de ressources. Battu à Pultawa, il fut réduit à chercher un refuge en Turquie, en traversant le Dnieper avec les débris de son armée, qui ne se montaient guère au delà d'un millier d'hommes.

Gustave-Adolphe est le premier qui ait ramené la guerre à ses vrais principes. Ses opérations en Allemagne furent hardies, rapides et bien ordonnées ; il sut habilement employer ses succès pour se mettre à l'abri d'un revers, et sa ligne d'opération fut établie de manière à prévenir toutes les chances, pour maintenir ses communications avec la Suède. C'est de ses campagnes que commence une nouvelle ère pour l'histoire de la guerre.

IV.

Dans la campagne de 1757, Frédéric marchant à la conquête de la Bohême avec deux armées qui avaient chacune leur ligne d'opération, réussit cependant à les réunir à la vue du duc de Lorraine, qui couvrait Prague avec l'armée impériale ; mais cet exemple n'est pas à suivre. Le succès de cette marche dépendait entièrement de l'inaction du duc de Lorraine, qui, avec soixante-dix mille hommes, ne tenta rien pour empêcher la jonction des deux armées prussiennes.

V.

Le maréchal de Villars a dit que lorsqu'on est exposé à avoir la guerre, il faut s'informer exactement du nombre des troupes du souverain contre lequel on doit la faire, parce qu'il n'est pas possible de faire des projets solides, pour l'offensive ou la défensive, sans une connaissance certaine de ce qu'on doit espérer ou craindre. Quand les premiers coups de canon sont tirés, on ne sait pas quelle sera la fin de la guerre : aussi faut-il bien y penser avant de la commencer. Cependant, lorsqu'on est déterminé à la faire, le maréchal de

Villars observe que les plans les plus grands et les plus hardis sont souvent les plus sages et les plus heureux. « Quand on veut faire la guerre, ajoute-t-il encore, il faut la bien faire, et surtout ne pas tâtonner. »

VI et LXXIX.

L'avis du maréchal de Saxe est qu'il n'y a de belles retraites que celles qui se font devant un ennemi qui poursuit mollement ; car s'il poursuit à toute outrance, la retraite se convertira bientôt en déroute. « C'est donc une grande erreur, dit le maréchal, de suivre le proverbe, *qu'il faut faire un pont d'or à l'ennemi*, puisqu'on est sûr de le détruire, si on le charge vigoureusement aussitôt qu'il est en retraite. »

VII.

Les maximes suivantes, extraites des Mémoires de Montecuculli, me semblent trouver ici leur place, pour servir de supplément aux principes généraux énoncés dans ce paragraphe.

1. Une fois qu'on est décidé à la guerre, on ne doit plus écouter ni doutes, ni scrupules, et supposer que tout le mal qui peut arriver n'arrive pas toujours, soit que la Providence le détourne, que notre sagesse l'évite, ou que la prudence de l'ennemi ne s'en avise pas. On assure le succès d'une campagne en donnant le commandement en chef à un seul, parce que, lorsque l'autorité est partagée, les sentiments sont souvent différents et les opérations manquent d'ensemble. D'ailleurs, l'entreprise étant regardée comme commune, et non comme une chose qui nous est propre, nous ne la poussons pas avec tant de vigueur.

Après avoir suivi en tout les règles de l'art, après qu'on s'est convaincu qu'on n'a rien oublié de ce qui pouvait contribuer à l'heureux succès d'une entreprise, il faut en recommander l'issue à la Providence, et avoir l'esprit en repos pour tout ce qu'il plaira à Dieu d'en ordonner.

Un général en chef doit, quoi qu'il arrive, rester ferme et constant dans ses projets ; il doit éviter également de s'enfler dans la prospérité et de s'abattre dans l'adversité, parce que, dans la guerre, les bons et les mauvais succès se suivent de près, et font un flux et un reflux continuels.

2. Lorsqu'une armée est forte et aguerrie, et que celle de l'ennemi est faible et de nouvelle levée, ou bien qu'elle est amollie par une longue oisiveté, il faut faire en sorte de forcer l'ennemi à livrer bataille. Si, au contraire, l'ennemi a l'avantage des troupes, il faut éviter un combat décisif, se camper avantageusement, se fortifier dans les défilés, et se contenter d'empêcher ses progrès. Quand les armées sont à peu près de force égale, on ne doit pas éviter le combat, mais chercher à le donner à son avantage ; pour cela, il faut se camper en face de l'ennemi, le côtoyer en marchant par des hauteurs et des lieux avantageux, se saisir des châteaux et des passages autour de son camp, et se poster avantageusement dans les lieux où il doit passer : c'est toujours beaucoup de l'empêcher de faire quelque chose, de lui faire perdre du temps, de rompre ses desseins, ou d'en retarder les

progrès et l'exécution. Enfin, si une armée est tout à fait inférieure à celle de l'ennemi, et qu'elle n'ait pas même la possibilité de manœuvrer contre lui avec avantage, il faut abandonner la campagne et se retirer dans les places fortes.

3. La principale attention d'un général en chef, au moment d'une bataille, doit être d'assurer les flancs de son armée. Les positions naturelles peuvent, à la vérité, assurer les flancs : mais cette situation n'étant pas mobile, elle n'est avantageuse que pour celui qui veut attendre le choc de l'ennemi et non à celui qui marche à sa rencontre. C'est donc par la disposition des troupes qu'un général doit se mettre en mesure de repousser les attaques que son adversaire peut faire sur le front, sur le flanc ou sur les derrières de son armée.

Si un des flancs de l'armée est appuyé par une rivière ou par un ravin inabordable, on peut mettre toute sa cavalerie sur l'autre aile, afin qu'étant fort supérieur en nombre, on puisse plus facilement envelopper l'ennemi. Si l'ennemi a ses flancs appuyés à des bois, il faut y envoyer de la cavalerie légère, ou de l'infanterie, pour l'attaquer en flanc ou en queue dans le fort de la bataille ; on peut encore, si la chose est faisable, donner sur ses bagages et y causer de la confusion.

Si l'on veut, avec son aile droite, battre la gauche de l'ennemi ou, au contraire, battre l'aile droite avec son aile gauche, il faut renforcer l'aile qui attaque, en y plaçant l'élite des troupes ; pour marcher à l'ennemi on refusera l'aile qui doit éviter de combattre, tandis que l'autre avancera rapidement, afin de le culbuter. Quand la topographie du terrain le permet, il faut s'approcher secrètement, et l'attaquer avant qu'il se soit mis en défense.

Si l'on aperçoit quelques signes de crainte parmi l'ennemi, ce qui se connaît lorsque ses manœuvres se font avec désordre et confusion, il faut le poursuivre sur-le-champ, sans lui donner le temps de se reconnaître ; c'est alors qu'il faut faire manœuvrer sa cavalerie, pour couper et surprendre son artillerie et ses bagages.

4. L'ordre de la marche doit être subordonné à l'ordre de bataille qu'on s'est tracé d'avance. La marche est bien ordonnée, quand elle est réglée sur le chemin qu'on a à faire et sur le temps qu'on a pour le faire. On étend ou on resserre le front de la colonne de marche, selon la topographie du pays, ayant soin de faire suivre l'artillerie sur les chaussées.

Quand on a une rivière à passer, il faut mettre son artillerie en batterie sur le bord, vis-à-vis du point où l'on veut traverser; ce sera un grand avantage si la rivière y fait un rentrant, et s'il se trouve un gué près de l'endroit où l'on veut effectuer le passage. A mesure que le pont se construit, on y fait avancer de l'infanterie, pour tirer de l'autre côté de l'eau, afin de protéger les travailleurs; mais, aussitôt qu'il est achevé, il faut y faire passer un corps d'infanterie, de la cavalerie et quelques pièces de canon. L'infanterie doit de suite se retrancher à la tête du pont, et même il est prudent de se fortifier en deçà de la rivière, pour protéger le pont, dans le cas où l'ennemi voudrait tenter un mouvement offensif.

L'avant-garde d'une armée en marche doit avoir des guides sûrs et des compagnies de pionniers : les premiers, pour indiquer les passages faciles, et les seconds pour rendre ces passages praticables.

Si l'armée marche par détachements, il faut donner par écrit, à chaque chef de détachement, le point de réunion de l'armée. Ce point doit être assez éloigné de l'ennemi pour qu'il ne puisse venir l'occuper avant la réunion de tous les détachements. Pour cela, il est essentiel de tenir ce point de réunion secret.

Une armée doit marcher dans le même ordre qu'on doit combattre, du moment qu'on s'approche de l'ennemi. Quand on a quelque chose à craindre, on doit redoubler de soins à proportion que la crainte est plus ou moins grande. Quand on passe un défilé, il faut que les troupes fassent halte au delà du passage, jusqu'à ce que toute l'armée ait passé le défilé.

Pour cacher les mouvements d'une armée, il faut marcher de nuit, dans les bois, les vallées, rechercher les endroits couverts, et éviter les lieux habités ; ne point faire de feux et donner l'ordre du départ verbalement, sont encore des précautions à prendre en pareil cas. Lorsque le but de cette marche est d'enlever un poste, ou de se jeter dans une place assiégée, l'avant-garde doit marcher à portée de fusil du détachement, parce qu'alors on doit être déterminé à culbuter tout ce qu'on pourrait rencontrer.

Quand on marche pour forcer un passage gardé par l'ennemi, il faut feindre de vouloir le forcer dans un endroit, et, par une manœuvre rapide, passer dans un autre. On réussit encore en faisant semblant de retourner sur ses pas, et, par une brusque contre-marche, on s'empare du passage avant que l'ennemi l'ait occupé. Quelques généraux ont aussi forcé des passages en manœuvrant auprès de l'ennemi pour le tromper, tandis qu'un détachement surprend le passage, en cachant sa marche à l'aide des situations du terrain ; l'ennemi, étant occupé à observer votre marche, laisse à ce détachement la facilité de se retrancher dans le poste qu'il a jugé nécessaire d'occuper.

5. On campe diversement, suivant les craintes que l'on éprouve, et on y proportionne ses précautions. Quand on est en pays ami, on campe séparément, pour donner plus de commodités aux soldats ; mais si l'ennemi est en présence, on doit camper en bataille. Il faut, autant que possible, couvrir un côté du camp par quelques défenses naturelles, telles qu'une rivière, une chaîne de rochers ou un ravin ; il faut aussi observer que le camp ne soit pas commandé, et qu'il ne s'y trouve point d'obstacles qui rompent la communication des différents quartiers, afin que les troupes soient toujours à portée de se secourir.

Lorsqu'on séjourne dans un camp, il faut avoir des provisions de guerre et de bouche, ou, au moins, qu'il soit aisé de les y amener sûrement ; à cet effet, il faut bien établir sa ligne de communication, et prendre garde de laisser derrière soi une place ennemie.

Quand une armée a pris ses quartiers d'hiver, on assure la sécurité des troupes, soit en choisissant un camp qu'on fortifie, et pour cela il faut être à portée d'une grande ville marchande ou d'une rivière qui puisse faciliter les transports ; soit en distribuant les troupes dans des lieux serrés, de sorte que les cantonnements étant très-rapprochés, ils puissent réciproquement se secourir. On couvre encore les quartiers d'hiver en faisant construire de petits ouvrages fermés sur les avenues des cantonnements, et en plaçant des avant-postes de cavalerie pour observer les mouvements de l'ennemi.

6. On cherche les batailles quand on a lieu d'espérer la victoire, ou qu'on craint de voir ruiner son armée sans combattre ; quand on veut secourir une place assiégée, ou prévenir un renfort qui vient à l'ennemi. Les batailles sont utiles encore quand on veut profiter d'un avantage qui se présente, comme de se saisir d'un passage, accabler l'ennemi au moment où il vient de commettre une faute, ou que la désunion parmi les chefs rend le moment favorable pour attaquer.

Si l'ennemi refuse la bataille, on peut l'y forcer, soit en assiégeant une place d'importance, soit en le chargeant à l'improviste, lorsqu'il ne peut pas facilement opérer sa retraite ; soit encore en feignant de se retirer, puis, par une prompte contre-marche, en l'attaquant brusquement et en le forçant à combattre.

Les différents cas, pour refuser ou éviter une bataille, sont : quand il y a plus de mal à la perdre que de profit à la gagner ; quand on est trop inférieur à son adversaire et qu'on attend du secours ; enfin, quand l'ennemi est posté avantageusement, ou qu'il se détruit lui-même, soit par un vice dans sa position, soit par la faute ou la division des chefs.

Pour gagner une bataille, il faut placer chaque arme à son avantage, et se mettre en état de combattre de front et en flanc, sans cependant négliger d'appuyer les ailes par des obstacles naturels, s'il s'en présente, ou mêm, au besoin, par des ouvrages d'art. Il faut avoir soin que les troupes puissent se secourir sans confusion, et que celles qui sont rompues ne se renversent pas sur les autres. On doit surtout observer que les intervalles entre les différents corps ne soient pas assez larges pour que l'ennemi puisse y pénétrer, parce qu'alors on serait obligé d'y jeter les réserves, et on serait exposé à être enfoncé. La victoire s'obtient quelquefois en faisant une diversion au milieu d'une bataille, ou encore en ôtant au soldat tout espoir de retraite, en le mettant dans une position où il soit réduit à vaincre ou à mourir.

Au commencement d'une bataille, on doit aller à l'ennemi, si le terrain est égal, afin de donner du courage au soldat; mais si l'on est bien posté, et que l'artillerie soit avantageusement placée, il faut attendre l'ennemi de pied ferme. Enfin, il faut combattre avec résolution, secourir à propos ceux qui sont las, et n'engager les réserves qu'à la dernière extrémité, laissant toujours quelque appui où les troupes rompues puissent se rallier.

Lorsqu'on est obligé d'attaquer avec toutes ses forces, il faut engager le combat sur le soir, parce qu'alors, quelle que soit l'issue de la bataille, la nuit viendra séparer les combattants avant que les troupes soient trop fatiguées ; par ce moyen, on se donne la facilité d'opérer la retraite avec ordre, si l'issue du combat y oblige.

Pendant une bataille, le général en chef doit occuper un lieu d'où il puisse, autant que possible, voir toute son armée ; il doit être averti sur-le-champ de tout ce qui se passe dans les différentes divisions. De son côté, il doit distribuer des secours, afin de rendre les succès décisifs sur les points où l'ennemi plie, et renforcer ses troupes aux endroits où elles commencent à céder le terrain. Quand l'ennemi est battu, il faut le poursuivre sans lui donner le temps de se rallier ; quand, au contraire, on a perdu l'espérance de vaincre, il faut se retirer avec le plus d'ordre possible.

7. C'est un grand talent, dans un général, de faire combattre des gens préparés contre des gens qui ne le sont pas, des troupes fraîches contre des troupes fatiguées, des hommes braves et disciplinés contre des re-

crues. Il doit aussi être alerte, pour tomber avec l'armée sur un corps faible et détaché, suivre la piste de l'ennemi, et le charger dans les défilés, avant qu'il puisse faire volte-face et se mettre en bataille.

8. Une position est avantageuse, lorsque toutes les armes sont placées de manière qu'elles puissent faire leur devoir, sans qu'aucune demeure inutile. On doit prendre position dans les plaines et dans les pays découverts, si l'on est plus fort en cavalerie; dans les lieux couverts et difficiles, si l'on a plus d'infanterie; dans les lieux étroits, si l'on a moins de troupes, et dans les endroits spacieux, si l'on est supérieur en nombre. Avec une armée tout à fait inférieure, il faut rechercher un passage difficile, l'occuper et s'y retrancher.

9. Pour tirer tout l'avantage possible d'une diversion, il faut observer que le pays sur lequel on veut la faire soit facile à envahir. Une diversion doit être exécutée vigoureusement, et dans des lieux où elle puisse faire le plus de mal possible à l'ennemi.

10. Pour bien faire la guerre, il ne faut

donc jamais s'écarter de ces principes généraux : être plus fort que l'ennemi par le nombre et le moral de l'armée ; donner des batailles, afin de jeter la terreur dans le pays ; diviser son armée en autant de corps qu'on peut le faire sans risque, afin d'entreprendre plusieurs choses à la fois ; traiter bien ceux qui se rendent, maltraiter ceux qui résistent ; assurer ses derrières, s'établir et s'affermir dans quelque poste qui soit comme un centre fixe, capable de soutenir tous les mouvements qu'on fait ensuite. On doit aussi se rendre maître des grandes rivières, des passages, et former sa ligne de communication en s'emparant des forteresses par des siéges et de la campagne par des batailles : car c'est un projet chimérique de s'imaginer qu'on peut faire de grandes conquêtes sans combattre. Enfin, pour maintenir ses conquêtes, il faut savoir employer à propos la force et la douceur.

VIII.

Dans la campagne de 1758, la position de

l'armée prussienne à Hohenkirch, dominée par les batteries de l'ennemi qui occupaient toutes les hauteurs, était éminemment vicieuse. Cependant Frédéric, qui voyait ses derrières menacés par le corps de Laudon, resta six jours dans ce camp sans chercher à rectifier sa position. Il paraît même qu'il ne voyait pas tout le danger où il se trouvait ; car le maréchal Daun ayant manœuvré toute la nuit pour attaquer à la pointe du jour, surprit les Prussiens dans leur camp avant qu'ils se fussent mis en défense : aussi furent-ils cernés de tous côtés. Frédéric réussit toutefois à opérer sa retraite avec ordre, mais après avoir perdu dix mille hommes, plusieurs généraux et presque toute son artillerie. Si le maréchal Daun eût poursuivi ses succès avec plus d'audace, le roi de Prusse n'aurait jamais pu rallier son armée ; sa bonne fortune le sauva des dangers auxquels son imprévoyance l'avait exposé.

Le maréchal de Saxe a dit cependant qu'il y avait plus d'habileté qu'on ne pense à faire de mauvaises dispositions, si on sait les changer en bonnes, lorsque le moment est favorable : rien n'étonne plus l'ennemi que cette manœuvre ; il a compté sur quelque chose, il s'est arrangé en conséquence, et, dans le moment qu'il attaque, il ne tient plus rien. « Je le répète, dit le maréchal, rien ne déconcerte autant l'ennemi et ne l'engage plus à faire des fautes ; car il résulte que s'il ne change pas ses dispositions, il est battu, et s'il les change en présence de son adversaire, il l'est encore. »

Il me semble qu'un général qui ferait reposer le succès d'une bataille sur un tel principe, s'exposerait plus à perdre qu'à gagner ; car s'il a affaire à un adversaire habile et prompt à manœuvrer, celui-ci pourra bien trouver le temps de profiter des mauvaises dispositions qu'on aura faites, avant qu'elles puissent être rectifiées.

IX.

La vitesse, dit Montecuculli, est bonne pour maintenir secrètes les opérations d'une armée, parce qu'elle ne laisse pas le temps de divulguer les intentions du chef. Il est donc avantageux de courir à l'improviste sur l'ennemi qui n'est pas sur ses gardes, de le surprendre, et de lui faire sentir la foudre avant qu'il ait vu l'éclair. Mais si une grande diligence vous affaiblit trop, et que le retard vous enlève l'occasion favorable, il faut peser le bien et le mal de chaque côté, et opter.

Le maréchal de Villars disait qu'à la guerre tout dépend d'imposer à l'ennemi, et dès qu'on a gagné ce point, ne plus lui donner le temps de reprendre cœur. Villars a joint l'exemple au précepte; car ses opérations audacieuses et rapides furent presque toujours accompagnées de succès.

L'avis de Frédéric était qu'on devait faire les guerres courtes et rapides, parce qu'une longue guerre ralentit insensiblement la discipline, dépeuple l'Etat et épuise les ressources.

X.

La campagne de 1814, en France, fut habilement exécutée d'après ces principes. Napoléon, avec une armée inférieure en nombre, une armée découragée par les désastreuses retraites de Moscou et de Leipzig, et plus encore par la présence de l'ennemi sur le territoire français, parvint cependant à suppléer à son immense infériorité par des manœuvres rapides et bien combinées. Les succès remportés à Champaubert, à Montmirail, à Montereau et à Reims, commençaient à relever le moral de l'armée française ; les nombreuses recrues dont elle était formée prenaient déjà l'aplomb dont les vieux régiments leur donnaient l'exemple, lorsque la prise de Paris et l'étonnante révolution qu'elle opéra forcèrent Napoléon à poser les armes. Ce résultat dépendit plutôt de la force des circonstances que d'une absolue nécessité ; car Napoléon, en se portant de l'autre côté de la Loire, pouvait facilement opérer sa jonction avec les armées des Alpes et des Pyrénées, et reparaître sur le champ de bataille avec cent mille combattants. Cette force était bien suffisante pour rétablir les chances en sa faveur, d'autant plus que les armées des souverains alliés manœuvraient sur le territoire français, ayant à dos toutes les places fortes de France et d'Italie.

XI.

L'armée autrichienne, sous les ordres du feld-maréchal Alvinzi, se divisa en deux corps qui devaient agir indépendamment, pour se réunir ensuite devant Mantoue. Le premier de ces corps, fort de quarante-cinq mille hommes, était sous les ordres d'Alvinzi ; il devait déboucher par Montebaldo sur les positions que l'armée française occupait sur l'Adige. Le second corps, sous les ordres du général Provera, était destiné à agir sur le bas de l'Adige, pour aller débloquer Mantoue. Napoléon, instruit des mouvements de l'ennemi, mais ne comprenant pas encore ses projets, se borna à concentrer ses masses, et à donner l'ordre aux troupes de se tenir prêtes à manœuvrer. Cependant de nouveaux renseignements firent bientôt connaître au général en chef de l'armée française que le corps qui avait débouché par la Corona sur Montebaldo cherchait à faire sa jonction avec sa cavalerie et son artillerie, qui, après avoir traversé l'Adige à Dolce, se dirigeaient sur le plateau de Rivoli par la chaussée qui passe à Incanole. Napoléon jugea dès lors que, maître du plateau, il pouvait s'opposer à cette jonction et tourner en sa faveur toutes les chances de l'initiative ; il fit donc mettre les troupes en marche, et à deux heures du matin il occupait cette position importante. Maître du point de réunion des colonnes autrichiennes, le succès répondit à ses dispositions : il repoussa toutes leurs attaques, fit sept mille prisonniers, prit douze pièces de canon et plusieurs drapeaux.

Il était deux heures après midi, la bataille de Rivoli était gagnée, lorsque Napoléon apprit que le général Provera avait passé l'Adige à Anghiari, et se dirigeait sur Mantoue ; il abandonne à ses lieutenants le soin de poursuivre la retraite d'Alvinzi, et se met lui-même à la tête d'une division, pour venir déjouer les projets de Provera. Par une marche rapide, il parvient à s'emparer encore de l'initiative, et à empêcher la garnison de Mantoue de se réunir avec l'armée de secours : aussi le corps chargé du blocus, fier de combattre sous les yeux du vainqueur de Rivoli, força la garnison à rentrer dans la place. En même temps, la division Victor, oubliant les fatigues d'une marche forcée, aborda avec impétuosité le front de l'armée de secours, tandis qu'une sortie des lignes de Saint-Georges la pressait en flanc, et que le corps d'Augereau, qui avait suivi la marche du général autrichien, l'attaquait sur ses derrières. Provera, cerné de toutes parts, capitula. Le résultat de ces deux batailles coûta à l'Autriche trois mille hommes tués ou blessés, vingt-deux mille prisonniers, quarante-six pièces de canon et vingt-quatre drapeaux.

XII.

Il faut que la ligne de communication d'une armée soit sûre et bien établie, dit Montecuculli ; car toute armée qui s'éloigne de sa ligne d'opération, et qui n'a pas soin de tenir cette voie de correspondance ouverte et assurée, marche sur le bord d'un précipice ; elle cherche sa ruine, comme il paraît par une infinité d'exemples. En effet, si le chemin par où arrivent les vivres et les secours d'hommes et de munitions n'est pas bien assuré ; si les magasins, les hôpitaux, les arsenaux et les lieux établis pour les marchés ne sont pas fixes et situés commodément, non-seulement l'armée ne dure guère, mais encore elle est exposée aux plus grands malheurs.

XIII.

Lorsqu'on marche éloigné de l'ennemi, on peut disposer ses colonnes sur les chaussées, de manière à ménager l'artillerie et les équipages de l'armée ; mais si on marche pour combattre, il faut que les différents corps d'armée se forment en colonne serrée dans l'ordre de bataille. Les généraux doivent en outre observer que les têtes des colonnes destinées à attaquer ensemble ne se devancent pas, et qu'en approchant du champ de bataille elles mettent entre elles les distances nécessaires pour se déployer. Les marches qu'on fait pour aller combattre demandent beaucoup de précaution, disait Frédéric : aussi recommandait-il à ses généraux de se tenir sur leurs gardes, et de reconnaître le terrain de distance en distance, afin de prendre l'initiative pour s'emparer des positions qui peuvent favoriser une attaque.

Dans une retraite, l'avis de plusieurs généraux est qu'on doit concentrer ses forces et marcher en colonne serrée, si l'on est encore assez fort pour pouvoir ressaisir l'offensive ; car, par ce moyen, on peut facilement se former en bataille, lorsqu'on trouve une position favorable, soit pour arrêter l'ennemi lorsqu'on attend du secours, soit pour l'attaquer, s'il n'est pas en mesure de recevoir le combat. Telle fut la retraite de Moreau, après le passage de l'Adda par l'armée austro-russe. Le général français, après avoir couvert l'évacuation de Milan, vint prendre position entre le Pô et le Tanaro ; son camp, qui s'appuyait à Alexandrie et à Valence, deux places de guerre excellentes, avait l'avantage de couvrir les routes de Turin et de Savone, par où il pouvait opérer sa retraite, dans le cas où il ne réussirait pas à faire sa jonction avec le corps d'armée de Macdonald, qui avait reçu ordre de quitter le royaume de Naples et de hâter sa marche pour revenir en Toscane. Forcé d'abandonner cette position, par suite de l'insurrection du Piémont et de la Toscane, Moreau se retira sur Asti, où il apprit que sa communication avec la rivière de Gênes venait de lui être coupée par la prise de Ceva. Après d'inutiles efforts pour reprendre cette place, il vit qu'il ne pouvait espérer de salut qu'en se jetant dans les montagnes. Pour atteindre ce but, il fit marcher tous ses bagages et sa grosse artillerie sur la France, par le col de Fenestrelle; puis, s'ouvrant un passage par le Saint-Bernard, il gagna Loano avec son artillerie de campagne et le peu d'équipages qu'il avait conservés. Par cette marche habile, il conserva sa communication avec la France, et se trouvait à même d'observer les mouvements de l'armée de Naples, afin de faciliter sa jonction, en se portant sur les points nécessaires avec toutes ses forces réunies. Macdonald, qui ne pouvait espérer le succès de sa marche qu'en concentrant sa petite armée, négligea cependant cette précaution et fut battu dans trois combats successifs au passage de la Trebbia. Ainsi, par la lenteur de sa marche, il rendit infructueuses les mesures de Moreau pour réunir les deux armées dans les plaines du Pô, et sa retraite, après de brillants et inutiles efforts au passage de la Trebbia, fit échouer les dispositions que Moreau avait prises pour venir à son secours. L'inaction du maréchal Souvarow permit enfin au général français d'opérer sa jonction avec les débris de l'armée de Naples. Concentrée sur l'Apennin, l'armée française se mit encore en mesure de défendre les positions importantes de la Ligurie, jusqu'au moment où les chances de la guerre lui offriraient les moyens de reprendre l'offensive.

Lorsqu'après une bataille décisive une armée a perdu son artillerie et ses équipages, et que, par conséquent, elle n'est plus en état de reprendre l'offensive, ni même de pouvoir arrêter la poursuite de l'ennemi, il semble qu'il est plus avantageux de diviser les débris de l'armée en plusieurs corps, qui, par directions éloignées, se dirigeront sur la ligne d'opération pour se jeter dans les forteresses. C'est le seul moyen de se sauver, parce que l'ennemi, incertain sur la marche de l'armée vaincue, ne sait, au premier abord, quel corps poursuivre, et on peut tirer avantage de ce moment d'indécision pour gagner une marche. D'ailleurs, les mouvements d'un petit corps étant beaucoup plus faciles que ceux des grandes masses, cette disposition divergente est tout en faveur de l'armée qui bat en retraite.

XIV.

Dans la campagne de 1793, dans les Alpes-Maritimes, l'armée française, sous les ordres du général Brunet, fit tout ce qu'il était possible de faire pour s'emparer par une attaque de front des camps de Rauss et des Fourches ; ses inutiles efforts ne servirent qu'à relever encore le courage des Piémontais et à faire périr l'élite des grenadiers de l'armée républicaine. Les manœuvres par lesquelles Napoléon força l'ennemi d'évacuer ces positions sans combattre, en 1796, suffisent pour faire connaître la vérité de ces principes, en montrant encore qu'à la guerre, le succès repose autant sur le génie du chef que sur la valeur du soldat.

XV.

En 1645, l'armée française, sous les ordres du prince de Condé, se portait vers Nordlingen pour en faire le siége, lorsqu'il s'aperçut que le comte de Mercy, qui commandait les Bavarois, l'avait prévenu, et se retranchait dans une forte position qui défendait Nordlingen en couvrant Donawerth. Malgré la position avantageuse de l'ennemi, Condé ordonna l'attaque. Le combat fut terrible ; toute l'infanterie du centre et de la droite ayant été successivement engagée, fut mise en déroute et dispersée, malgré les efforts de la cavalerie et de la réserve, qui furent aussi entraînées dans la fuite. La bataille était perdue. Condé, désespéré, n'ayant plus ni centre ni droite, rassembla les débris de ses bataillons, et se porta sur sa gauche où combattait encore Turenne. Une telle persévérance ranimant l'ardeur des troupes, elles enfoncèrent l'aile droite de l'ennemi ; puis, par un changement de front, Turenne revint attaquer le centre. La nuit protégeant l'audace du prince de Condé, un corps entier de Bavarois, qui se croyait surpris, se rendit ; et le résultat de cette opiniâtreté du général français pour obtenir la victoire lui valut le champ de bataille, presque toute l'artillerie ennemie et un grand nombre de prisonniers. L'armée bavaroise battit en retraite, et le lendemain de la bataille, Nordlingen capitula.

XVI.

C'est ainsi que le maréchal de Villeroi, en prenant le commandement de l'armée d'Italie dans la campagne de 1701, fit attaquer, par une présomption impardonnable, le prince Eugène de Savoie dans son poste retranché de Chiari, sur l'Oglio. Les officiers français, et Catinat était de ce nombre, jugeaient ce poste inattaquable; cependant Villeroi insista, et le résultat de cette bataille insignifiante fut la perte de l'élite de l'armée française; elle eût même été plus grande encore, sans les efforts de Catinat.

Ce fut par l'oubli de ces mêmes principes que, dans la campagne de 1644, le prince de Condé échoua dans toutes ses attaques contre la position retranchée de l'armée bavaroise. Le comte de Mercy, qui la commandait, avait habilement placé sa cavalerie dans la plaine en l'appuyant à Fribourg, tandis que son infanterie occupait la montagne. Après d'inutiles efforts, le prince de Condé, voyant l'impossibilité de déloger l'ennemi, commença à manœuvrer pour menacer sa ligne de communication; mais aussitôt que Mercy s'en aperçut, il leva son camp et se porta au delà des Montagnes-Noires.

XVII.

On peut recommander, comme une étude intéressante sur ce sujet, la campagne que l'armée franco-espagnole fit, en 1706, sous les ordres du maréchal duc de Berwick, contre les Portugais. Les deux armées contournèrent presque toute l'Espagne ; elles commencèrent la campagne près de Badajoz, et, après avoir manœuvré au travers des deux Castilles, elles la finirent au royaume de Valence et de Murcie. L'armée du maréchal de Berwick fit quatre-vingt-cinq camps, et quoique toute la campagne se passât sans actions générales, il prit à l'ennemi environ dix mille hommes.

Une belle campagne de manœuvres fut celle que le maréchal de Turenne fit contre le comte de Montecuculli en 1675. L'armée impériale ayant fait ses dispositions pour passer le Rhin à Strasbourg, Turenne fit diligence, et, ayant jeté un pont sur le Rhin près du village d'Ottenheim, à trois lieues au-dessus de Strasbourg, il passa le fleuve, et vint avec son armée camper près de la petite ville de Vilstet, qu'il occupa. Cette position couvrait le pont de Strasbourg, en sorte que, par cette manœuvre, Turenne coupa le passage de cette ville à son adversaire. Montecuculli ayant fait un mouvement avec toute son armée, parut vouloir menacer le pont d'Ottenheim, par lequel l'armée française tirait ses vivres de la haute Alsace. Aussitôt que Turenne eut deviné l'intention de l'ennemi, il laissa un détachement à Vilstet et se porta rapidement, avec toutes ses forces, sur le village d'Altenheim. Cette position intermédiaire entre les deux ponts qu'il voulait garder, lui donnait la facilité de secourir l'un ou l'autre de ces deux postes avant que l'ennemi eût le temps de les enlever. Par cette manœuvre, il déjoua les projets de son adversaire. Convaincu qu'il ne pouvait faire aucune tentative heureuse contre les deux ponts, Montecuculli résolut de passer le Rhin au-dessous de Strasbourg, et, pour atteindre ce but, il revint prendre sa première position à Offenbourg. Le maréchal de Turenne, qui suivait tous les mouvements de l'armée autrichienne, ramena aussi son armée au camp de Vilstet. Cependant cette tentative de l'ennemi démontra au général français le danger auquel l'avait exposé l'éloignement de son pont; il le fit rapprocher de celui de Strasbourg, afin de n'avoir pas un si grand espace à couvrir. Montecuculli ayant commandé un équipage de pont aux magistrats de Strasbourg, se porta à Scherzheim pour le recevoir; mais Turenne déjoua encore ses projets, en prenant position à Freistett, où il occupa les îles du Rhin, et fit de suite construire une estacade. Enfin, dans toute cette campagne, Turenne obligea l'ennemi à suivre son initiative. Par une marche rapide, il réussit encore à couper Montecuculli de la ville d'Offenbourg, d'où il tirait ses vivres, et il aurait même empêché le général autrichien d'opérer sa jonction avec le corps de Caprara, si un boulet de canon n'eût terminé la vie de ce grand homme.

XVIII.

En 1653, le maréchal de Turenne fut surpris par le prince de Condé dans une position où son armée se trouvait compromise. Il pouvait, en battant en retraite, se couvrir par la Somme, qu'il avait la facilité de traverser à Péronne, dont il n'était éloigné que d'une demi-lieue ; mais, craignant que ce mouvement de retraite n'influât sur le moral de son armée, Turenne paya d'audace, et marcha à la rencontre des ennemis avec des forces bien inférieures. Après une lieue de marche, il trouva une position avantageuse, où il se mit en disposition d'attendre le combat. Il était trois heures après midi. Les Espagnols, fatigués, hésitèrent à attaquer, et dans la nuit Turenne s'étant couvert par des retranchements, les ennemis ne jugèrent plus devoir courir les dangers d'une bataille et levèrent leur camp.

XIX.

C'est en étudiant la première campagne de Napoléon en Italie qu'on apprendra ce que peuvent le génie et l'audace pour faire passer une armée de l'ordre défensif à l'ordre offensif. L'armée des coalisés, commandée par le général Beaulieu, était munie de tout ce qui pouvait la rendre redoutable ; sa force était de quatre-vingt mille hommes et deux cents pièces de canon. L'armée française, au contraire, comptait à peine trente mille hommes sous les armes, et pouvait au plus mener avec elle trente pièces de canon ; depuis longtemps on ne faisait plus de distributions de viande, le pain même était mal assuré ; l'infanterie était mal habillée ; la cavalerie, mal montée, se trouvait dans le plus mauvais état ; tous les chevaux de trait avaient péri de misère, de manière que le service de l'artillerie ne se faisait plus qu'avec des mulets ; enfin, il eût fallu de grands moyens pécuniaires pour remédier à tant de maux, et la pénurie des finances était telle, que le gouvernement ne put donner que deux mille louis en espèces pour ouvrir la campagne. Ainsi, l'armée française ne pouvait plus vivre où elle était, et il fallait avancer ou reculer. Connaissant l'avantage de surprendre l'ennemi, dès le début de la campagne, par quelque coup décisif, Napoléon commença par retremper le moral du soldat. Dans une proclamation énergique, il leur fait voir qu'une mort obscure les menace, s'ils restent sur la défensive; qu'ils n'ont rien à attendre de la France, mais tout à espérer de la victoire. *L'abondance est dans les plaines fertiles de l'Italie,* leur dit-il; *soldats, manqueriez-vous de courage ou de constance?* Profitant du moment d'enthousiasme qu'il vient d'inspirer, Napoléon concentre ses forces pour tomber en masse sur les différents corps de l'armée ennemie. Bientôt les batailles de Montenotte, de Millesimo, de Mondovi, ajoutant à la confiance que le soldat avait conçue du général en chef, on vit cette armée, qui, quelques jours auparavant, campée sur d'arides rochers, se voyait consumer par la misère, ambitionner déjà la conquête de l'Italie. Un mois après l'ouverture de la campagne, Napoléon avait terminé la guerre avec le roi de Sardaigne et conquis tout le Milanais. De riches cantonnements firent oublier aux soldats français la misère et les fatigues, suites naturelles de cette marche rapide, tandis qu'une administration vigilante employait toutes les ressources du pays pour organiser le matériel de l'armée et créer les moyens nécessaires pour courir à de nouveaux succès.

XX.

Frédéric a quelquefois changé sa ligne d'opération au milieu d'une campagne ; mais il en avait la facilité, puisqu'il manœuvrait alors au centre de l'Allemagne, pays abondant, où il pouvait partout trouver à fournir aux besoins de son armée, dans le cas où ses communications avec la Prusse lui auraient été coupées. Le maréchal de Turenne, dans la campagne de 1646, abandonna aussi tout à fait sa ligne de communication aux alliés ; mais, comme Frédéric, il faisait alors la guerre au centre de l'Allemagne ; il marchait avec toutes ses forces réunies, et, par la prise de Rain, il eut la précaution de s'assurer une place de dépôt sur laquelle il pouvait baser ses opérations. Par des manœuvres pleines d'audace et de génie, il força ensuite l'armée impériale à lui abandonner ses magasins, et à rentrer en Autriche pour prendre ses quartiers d'hiver.

Il me semble cependant que de tels exemples ne doivent être imités que lorsqu'on connaît bien la mesure du génie de son adversaire, et surtout lorsqu'on n'a pas à craindre une insurrection dans le pays où l'on porte le théâtre de la guerre.

XXI.

C'est surtout dans les pays de montagnes, ou dans ceux qui sont entrecoupés de bois et de marais, qu'il est important d'observer cette maxime ; car les équipages et les convois se trouvant arrêtés dans les défilés ; l'ennemi, en manœuvrant, peut aisément disperser les escortes, ou attaquer avec un plein succès l'armée entière, lorsque, par la nature du terrain, elle se trouve obligée de marcher sur une colonne de longue étendue.

XXII.

Frédéric a dit que, pour s'assurer si l'on a bien placé son camp, il faut voir si, par un petit mouvement qu'on fera, on forcera l'ennemi d'en faire un grand, ou si, après l'avoir obligé de rétrograder d'une marche, on peut de nouveau le forcer à rétrograder. Dans la guerre défensive, on doit retrancher son camp sur le front et sur les ailes de la position qu'il occupe, et observer que la communication sur les derrières soit parfaitement libre. Si on est menacé d'être tourné, on doit faire ses dispositions d'avance pour prendre une autre position plus éloignée, de manière à profiter des défauts que l'ordre de marche peut occasionner entre les divisions de l'armée ennemie, pour essayer quelques attaques sur son artillerie ou sur ses bagages.

XXIII.

Ce fut la manœuvre que fit le général Desaix en 1798, près de Rastadt. Avec des forces inférieures, il paya d'audace, et se maintint tout le jour en position, malgré les attaques vigoureuses de l'archiduc Charles; le soir, il effectua sa retraite avec ordre, et prit position en arrière.

C'est aussi par suite de ce principe que le général Moreau, dans la même campagne, livra la bataille de Biberach pour assurer sa retraite par les débouchés des Montagnes-Noires. Peu de jours après, il donna encore la bataille de Schliengen pour le même motif. Placé dans une bonne position défensive, il menaçait l'archiduc Charles d'un retour offensif, pendant que ses équipages passaient le Rhin sur le pont de Huningue, et qu'il faisait les dispositions nécessaires pour rétrograder lui-même au delà de ce fleuve.

J'observerai cependant qu'il faut faire en sorte d'exécuter ces démonstrations offensives vers le soir, afin de ne pas se compromettre en engageant de trop bonne heure un combat qu'on ne pourrait pas soutenir longtemps avec succès. La nuit et l'incertitude de l'ennemi, après une affaire, serviront à favoriser la retraite, si on la juge nécessaire. Mais, pour masquer ce mouvement d'une manière plus sûre, il faut allumer les feux sur toute la ligne, afin de tromper l'ennemi et d'empêcher qu'il ne s'aperçoive de ce mouvement rétrograde ; car, dans les retraites, c'est un grand avantage de gagner une marche sur son adversaire.

XXIV.

Dans la campagne de 1645, le maréchal de Turenne perdit la bataille de Marienthal pour avoir oublié ce principe ; car si, au lieu de faire rassembler ses cantonnements à Erbstausen, il eût donné le point de ralliement à Mergentheim, derrière le Tauber, son armée eût été réunie beaucoup plus tôt ; d'où il fût résulté qu'au lieu de trois mille hommes seulement que le comte de Mercy eut à combattre à Erbstausen, et dont il eut bon compte, il aurait eu toute l'armée française à attaquer dans une position couverte par une rivière.

Quelqu'un ayant indiscrètement demandé au vicomte de Turenne pourquoi il avait perdu la bataille de Marienthal : *Par ma faute,* répondit le maréchal ; *mais,* ajouta-t-il, *quand un homme n'a pas fait de fautes à la guerre, il ne l'a pas faite longtemps.*

XXV.

Telle fut la position de l'armée française à la fameuse bataille de Leipzig, qui termina d'une manière bien funeste pour Napoléon la campagne de 1813 ; car le combat de Hanau ne pouvait être d'aucune conséquence, dans la situation désespérée où se trouvait l'armée.

Il me semble que dans une position pareille à celle où se trouva l'armée française avant la bataille de Leipzig, un général ne doit plus compter sur les chances heureuses que peut lui procurer l'offensive ; mais qu'il doit plutôt chercher à s'assurer de tous les moyens qui peuvent faciliter sa retraite. Pour atteindre ce but, il faudrait de suite se couvrir par de bons retranchements, afin de contenir les attaques de l'ennemi avec des forces inférieures, tandis que les équipages de l'armée passeraient le défilé ; à mesure que les troupes arriveraient sur l'autre rive, elles occuperaient les positions qui pourraient protéger le passage de l'arrière-garde, qui se renfermerait dans une tête de pont lorsque l'armée aurait évacué le camp. Pendant les guerres de la Révolution, on a fait trop peu de cas des retranchements : aussi a-t-on vu de grandes armées dispersées après un seul revers, et le sort des nations compromis par les succès d'une seule bataille.

XXVI.

La bataille de Hohenlinden fut perdue par les Autrichiens, pour avoir oublié ce principe. L'armée impériale, sous les ordres de l'archiduc Jean, fut divisée en quatre colonnes, qui se mirent en marche dans une immense forêt, afin de se réunir dans la plaine d'Anzing, où elles devaient surprendre et attaquer les Français. Mais ces différents corps, qui n'avaient pour ainsi dire aucune communication entre eux, se virent forcés de s'engager isolément contre un ennemi qui avait eu la précaution de concentrer ses masses, et qui pouvait les mouvoir à volonté sur un terrain reconnu de longue date : aussi l'armée autrichienne, engagée dans les défilés de la forêt avec tous ses équipages, fut attaquée sur ses flancs et sur ses derrières, et l'archiduc ne dut qu'à la faveur de la nuit la possibilité de rallier ses divisions battues et dispersées. Les trophées de cette victoire furent immenses pour l'armée française, qui recueillit onze mille prisonniers, cent pièces de canon, plusieurs drapeaux et tous les bagages de l'ennemi. Les Autrichiens laissèrent environ sept mille morts sur le champ de bataille.

La bataille de Hohenlinden décida du sort

de la campagne de 1800, dont les succès si brillants et si mérités placèrent Moreau au rang des meilleurs généraux de ce siècle.

XXVII.

Un grand avantage qui peut résulter du ralliement des colonnes sur un point éloigné du champ de bataille ou de la position qu'on occupait, c'est que l'ennemi reste incertain sur la direction que vous allez prendre. S'il divise ses forces pour vous poursuivre, il s'expose lui-même à voir ses détachements battus isolément, dans le cas où vous auriez fait diligence et opéré votre réunion assez à temps pour vous placer entre ses colonnes et les disperser l'une après l'autre.

C'est par une semblable manœuvre que, dans la campagne de 1799, en Italie, le général Mélas gagna la bataille de Genola. Le général Championnet commandait l'armée française ; il cherchait à couper les communications de l'armée autrichienne avec Turin, en faisant agir des corps qui manœuvraient isolément pour venir l'attaquer sur ses derrières. Mélas, qui devina ces projets, exécuta une marche rétrograde, par laquelle il fit croire à son adversaire qu'il était en pleine retraite; cependant ce mouvement n'avait pour but que de concentrer ses forces sur le point de réunion des différents détachements de l'armée française, qu'il battit et dispersa l'un après l'autre par sa grande supériorité numérique. Le résultat de cette manœuvre, où le général autrichien déploya de la vigueur, de l'aplomb et du coup d'œil, suffit pour lui assurer la paisible possession du Piémont.

C'est aussi pour avoir oublié ce principe que le général Beaulieu, qui commandait l'armée austro-sarde dans la campagne de 1796, perdit la bataille de Millesimo après celle de Montenotte. Son but, en cherchant à rallier ses différents corps à Millesimo, était de couvrir les chaussées de Turin et de Milan; mais Napoléon, appréciant l'avantage que lui donnait l'ardeur des troupes, encouragées par un premier succès, l'attaqua avant qu'il eût pu rassembler ses divisions, et par d'habiles manœuvres, il réussit à séparer les deux armées combinées. Elles se retirèrent dans le plus grand désordre, l'une par la route de Milan et l'autre par celle de Turin.

XXVIII.

En 1796, l'armée de Sambre-et-Meuse, commandée par le général Jourdan, opérait une retraite d'autant plus difficile qu'elle avait perdu sa ligne de communication. Cependant, voyant les forces de l'archiduc Charles disséminées, Jourdan, pour opérer sa retraite sur Francfort, résolut de s'ouvrir la route de Wurtzbourg, où étaient seulement deux divisions de l'armée autrichienne. Ce mouvement aurait encore pu s'opérer avec succès, si le général français, qui croyait n'avoir que deux divisions à combattre, n'eût pas commis la faute de détacher la division Lefebvre, qu'il laissa à Schveinfurt pour couvrir la seule communication directe de l'armée avec sa base d'opération. Cette première faute, et un peu de lenteur dans la marche du général français, assurèrent la victoire à l'archiduc, qui se hâta de concentrer ses forces; les deux divisions Kray et Wartensleben, qui lui arrivèrent aussi pendant la bataille, le mirent à même d'opposer cinquante mille hommes à l'armée française, qui comptait à peine trente mille combattants : aussi fut-elle battue, et forcée de continuer sa retraite par les montagnes de Fulde, où les chemins sont aussi mauvais que le pays est difficile. La division Lefebvre, forte d'environ quatorze mille hommes, aurait bien pu rétablir les chances du combat en faveur du général Jourdan; mais peut-être supposa-t-il mal à propos n'avoir à forcer que les divisions qui lui fermaient la route de Wurtzbourg.

XXIX.

Je crois qu'il n'est pas inutile d'observer qu'il serait prudent de déterminer, en arrière de la ligne de réserve, le point où les divers détachements doivent rejoindre ; parce que si, par des causes imprévues, ces détachements n'avaient pu rejoindre avant le commencement de la bataille, il ne faut pas les exposer à donner sur le gros des forces ennemies, dans le cas où on aurait été obligé de faire un mouvement rétrograde. Il est bon aussi de laisser ignorer ces renforts à l'ennemi, afin de s'en servir pour lui porter des coups décisifs. « Un secours arrivé à propos, a dit Frédéric, assure le succès d'une bataille, parce que l'ennemi le croira toujours plus fort qu'il n'est, et, par cette raison, perdra courage. »

XXX.

C'est pour avoir oublié ce principe que Frédéric perdit la bataille de Kollin, dans la première campagne de 1757. Malgré des prodiges de valeur, les Prussiens perdirent quinze mille hommes et une grande partie de leur artillerie, tandis que la perte des Autrichiens ne monta pas au delà de cinq mille hommes. Le résultat de cette bataille fut plus malheureux encore, puisque le roi de Prusse fut obligé de lever le siége de Prague et d'évacuer la Bohême.

C'est aussi pour avoir fait une marche de flanc devant l'armée prussienne que les Français perdirent la honteuse bataille de Rosbach. Cette marche imprudente était d'autant plus répréhensible que le prince de Soubise, qui commandait l'armée française, avait poussé la négligence au point de manœuvrer en présence de l'ennemi sans avoir ni avant-garde ni flanqueurs : aussi son armée, forte de cinquante mille hommes, fut-elle battue par six bataillons et trente escadrons. Elle perdit sept mille hommes, vingt-sept drapeaux et un grand nombre de pièces de canon ; les Prussiens n'eurent que trois cents hommes hors de combat. Ainsi, pour avoir oublié ce principe, qu'on ne doit jamais faire des marches de flanc devant une armée en bataille, Frédéric à Kollin perdit son armée, et Soubise à Rosbach perdit son armée et l'honneur.

XXXI.

On doit faire la guerre sans rien donner au hasard, a dit le maréchal de Saxe, et c'est là surtout qu'on reconnaît l'habileté d'un général ; mais quand on a fait tant que de donner une bataille, il faut savoir tirer parti de la victoire, et surtout ne pas se contenter d'avoir gagné le champ de bataille, comme c'est la coutume.

C'est par cette négligence à poursuivre un premier succès que l'armée autrichienne, après avoir gagné le champ de bataille de Marengo, se vit forcée, le lendemain, d'évacuer toute l'Italie. Le général Mélas voyant les Français en retraite, laissa la direction des mouvements de l'armée à son chef d'état-major, et se retira à Alexandrie, pour se reposer des fatigues de la journée. Le colonel Zach, non moins convaincu que son général que l'armée française n'offrait plus que des fuyards à poursuivre, forma les divisions en colonne de marche, de manière que l'armée impériale attendait l'ordre de poursuivre sa marche victorieuse dans une disposition qui n'avait pas moins d'une lieue de profondeur. Il était près de quatre heures lorsque le général Desaix rejoignit l'armée française avec sa division ; sa présence rétablit un peu l'équilibre des forces. Cependant Napoléon balança un instant pour se décider à reprendre l'offensive, ou bien à utiliser ce corps pour assurer sa retraite. L'ardeur que montraient les troupes pour revenir à la charge fixa bientôt son irrésolution ; il parcourut rapidement le front de ses divisions, et s'adressant aux soldats : *C'est assez reculer pour aujourd'hui,* leur dit-il ; *vous savez que je couche toujours sur le champ de bataille.* L'armée, par un cri unanime, sembla lui promettre d'avance la victoire. Napoléon reprend l'offensive ; et l'avant-garde autrichienne, saisie de terreur à l'aspect d'une masse formidable qui débouche à l'improviste sur un point où peu d'instants auparavant on n'apercevait que des fuyards, fait volte-face et se rejette en désordre sur le gros de la colonne ; bientôt attaquée avec impétuosité sur son front et sur ses flancs, l'armée autrichienne fut mise en pleine déroute.

Le maréchal Daun éprouva à peu près le même sort que Mélas, à la bataille de Torgau, dans la campagne de 1760. La position de l'armée autrichienne était excellente : elle avait sa gauche à Torgau, sa droite sur le plateau de Siptitz, et son front couvert par un grand étang. Frédéric projeta d'en tourner la droite pour l'attaquer à revers, et, à cet effet, il divisa son armée en deux corps, l'un, sous les ordres de Ziethen, pour attaquer de front en suivant les bords de l'étang, et, avec l'autre, il se mit lui-même en marche pour tourner la droite des Autrichiens. Mais le maréchal Daun ayant eu connaissance des manœuvres de son adversaire, fit un changement de front par une contre-marche, et se trouva ainsi en mesure de repousser les attaques de Frédéric, qu'il força à la retraite. Ces deux corps de l'armée prussienne avaient agi sans communication ; cependant Ziethen, entendant le bruit s'éloigner, en conclut que le roi avait été battu, et il commença un mouvement par sa gauche pour tâcher de le rejoindre. Mais ayant rencontré cinq bataillons de la réserve, le général prussien profita de ce renfort pour reprendre l'offensive ; il recommence donc vigoureusement l'attaque, s'empare du plateau de Siptitz, et bientôt occupe tout le champ de bataille. Le soleil était couché quand le roi de Prusse fut prévenu de cet heureux événement ; il revint en toute hâte, profita de la nuit pour réorganiser les débris de son armée, et, le lendemain de la bataille, il occupa Torgau. Le maréchal Daun recevait les compliments sur sa victoire, lorsqu'il apprit le retour offensif de l'armée prussienne ; il ordonna aussitôt la retraite, et, à la pointe du jour, les Autrichiens repassèrent l'Elbe, avec perte de douze mille hommes, huit mille prisonniers et quarante-cinq pièces de canon.

Après la bataille de Marengo, le général Mélas, quoique au milieu de ses magasins et de ses places fortes, se vit contraint de tout abandonner pour sauver les débris de son armée. Le général Mack capitula après la bataille d'Ulm, quoiqu'il fût alors au milieu de son pays. Les Prussiens, malgré leurs magasins et leurs réserves, après la bataille d'Iéna, et les Français, après celle de Waterloo, se virent forcés de poser les armes. D'où l'on peut conclure qu'après une bataille perdue, le plus grand mal n'est pas la perte des hommes et du matériel, mais le découragement qui est la suite d'une défaite. Le courage et la confiance du vainqueur augmentant à proportion que ceux du vaincu diminuent, il résulte que, quelles que soient les ressources d'une armée, une retraite se changera rapidement en déroute, si le général en chef ne sait pas réunir le génie à l'audace, la fermeté à la persévérance, pour relever le moral de son armée.

XXXII.

L'avis de Frédéric était qu'une avant-garde doit être composée de détachements de troupe de chaque arme; il faut que celui qui la commande sache habilement choisir ses camps, et que, par des patrouilles nombreuses, il soit à chaque instant informé de ce qui se passe dans le camp ennemi. Pendant la guerre, le devoir d'une avant-garde n'est pas de combattre, mais d'observer l'ennemi, afin de couvrir les mouvements de l'armée. Dans les retraites, elle doit charger avec vigueur, et chercher à envelopper les équipages et les corps isolés qu'elle poursuit : aussi, pour atteindre ce but, faut-il la renforcer de tous les escadrons de cavalerie légère disponibles.

XXXIII.

Rien n'est plus gênant, pour la marche d'une armée, que de nombreux bagages. Dans la campagne de 1796, Napoléon abandonna son équipage de siége sous les murs de Mantoue, après avoir encloué les pièces de canon et brisé les affûts ; par ce sacrifice, il acquit la facilité de faire manœuvrer rapidement sa petite armée, afin d'avoir partout l'initiative et la supériorité sur les forces nombreuses, mais divisées, du maréchal Wurmser. En 1799, dans sa retraite en Italie, le général Moreau ayant à manœuvrer par les montagnes, préféra se séparer de tout son parc de réserve, qu'il dirigea sur la France par le col de Fenestrelle, plutôt que d'entraver sa marche en gardant avec lui ses équipages. De tels exemples sont à suivre ; car si, par la rapidité des marches et la facilité de concentrer ses forces sur les points décisifs, on obtient la victoire, le matériel d'une armée est bientôt rétabli ; si, au contraire, on est vaincu et forcé à la retraite, il eût été bien difficile de sauver ses équipages, et on doit se féliciter lorsqu'on a eu la prudence de les abandonner à temps, puisqu'ils n'eussent servi qu'à augmenter les trophées de l'ennemi.

XXXIV.

Dans la campagne de 1757, le prince de Lorraine, qui couvrait Prague avec l'armée autrichienne, s'aperçut que les Prussiens cherchaient à déborder son aile droite pour le tourner. Il fit aussitôt faire à l'infanterie de cette aile un changement de front en arrière, de manière à se former en équerre sur l'extrémité du centre. Mais cette marche, exécutée en présence de l'ennemi, ne se fit pas sans quelque désordre ; les têtes de colonnes ayant marché trop rapidement, elles s'allongèrent, et s'étant ensuite formées par la droite, elles laissèrent un grand intervalle près de l'angle saillant. Frédéric s'aperçut de cette faute, et se hâta d'en profiter; il ordonna au corps du centre, commandé par le duc de Bevern, de se jeter dans ce vide, et, par cette manœuvre, il décida du succès de la bataille. Le prince de Lorraine, battu et poursuivi, se retira dans Prague, avec perte de seize mille hommes et deux cents pièces de canon.

On doit remarquer cependant qu'il ne faut se jeter dans les intervalles que présente une armée en bataille que lorsqu'on est au moins d'égale force et qu'on peut déborder un des flancs de l'ennemi : car alors seulement on peut espérer de couper l'armée par son centre, pour combattre isolément ses deux ailes. Mais si on est inférieur en nombre, on court la chance d'être arrêté par les réserves et écrasé par les ailes de l'ennemi, qui peut alors se déployer sur vos flancs pour vous envelopper. C'est par cette manœuvre que le maréchal de Berwick gagna la bataille d'Almanza, dans la campagne de 1707 en Espagne. L'armée anglo-portugaise, sous les ordres de lord Galloway, vint mettre le siége devant Villena; mais le maréchal de Berwick, qui commandait l'armée franco-espagnole, quitta son camp de Montalègre, et se dirigea sur cette ville pour en faire lever le siége. A son approche, le général anglais, dont le désir était de livrer bataille, se porta en avant pour le recevoir dans les plaines d'Almanza. Le succès fut longtemps douteux; cependant la première ligne du corps commandé par le duc de Popoli ayant été enfoncée, le chevalier d'Asfeld, qui commandait la seconde, disposa ses masses de manière à former des intervalles entre elles; et lorsque les Anglais, qui poursuivaient la première ligne, arrivèrent sur ses réserves, il profita de la confusion où ils se trouvaient pour les attaquer en flanc, et il les défit entièrement. Le maréchal de Berwick, s'apercevant de l'heureux succès de cette manœuvre, ouvre le front de sa ligne de bataille, et se déployant sur les flancs de l'ennemi, tandis que les réserves soutenaient l'attaque sur le front et que la cavalerie manœuvrait sur leurs derrières, il obtint un succès complet. Lord Galloway, blessé et poursuivi, ne rassembla qu'avec peine les débris de son armée, qu'il fit entrer dans la place de Tortose.

XXXV.

A la bataille de Dresde, dans la campagne de 1813, le camp des alliés, sur la rive gauche de l'Elbe, quoique avantageusement placé sur les hauteurs, était tout à fait défectueux, puisqu'il se trouvait coupé transversalement par un ravin très-escarpé, en sorte que l'aile gauche était entièrement isolée du centre et de la droite. Cette disposition vicieuse n'échappe point à l'œil pénétrant de Napoléon, qui porte aussitôt toute sa cavalerie et deux corps d'infanterie sur cette gauche, l'attaque avec des forces supérieures, la renverse et lui fait dix mille prisonniers sans qu'elle puisse être secourue.

XXXVI.

Si l'on occupe une ville ou un village sur la rive opposée à celle où se trouve l'ennemi, il est avantageux de choisir cet endroit pour le point de passage, parce qu'il est plus facile de couvrir, dans une ville qu'en pleine campagne, le parc de réserve et les équipages de l'armée, et de masquer les travaux du pont. C'est aussi un grand avantage d'effectuer le passage d'une rivière vis-à-vis d'un village, lorsqu'il n'est que faiblement occupé par l'ennemi, parce qu'aussitôt que l'avant-garde a débouché sur l'autre rive, elle peut enlever ce poste, s'y loger, et, par quelques ouvrages défensifs, le convertir promptement en tête de pont; on assure ainsi au reste de l'armée la facilité d'exécuter le passage.

XXXVII.

Frédéric a dit que le passage des grands fleuves, en présence de l'ennemi, est une des opérations les plus délicates de la guerre. Le succès, en pareil cas, repose sur le secret, sur la rapidité des manœuvres, et sur l'exécution ponctuelle des ordres donnés pour les mouvements de chaque division : car, pour franchir cet obstacle en présence de l'ennemi et à son insu, il faut non-seulement que les dispositions soient bien prises, mais encore qu'elles soient exécutées sans confusion.

Dans la campagne de 1705 en Italie, le prince Eugène de Savoie, voulant se porter au secours du prince de Piémont, cherchait un point favorable pour forcer le passage de l'Adda, gardé par l'armée française, aux ordres du duc de Vendôme. Après avoir choisi une position avantageuse, le prince Eugène fit dresser une batterie de vingt pièces de canon sur une position qui commandait toute la rive opposée, et, par des retranchements parallèles qu'il fit élever sur la pente de cette éminence, il mit son infanterie à couvert du feu de l'ennemi. On travaillait avec ardeur à la construction du pont, lorsque le duc de Vendôme parut avec toute son armée. Il voulut d'abord s'opposer à ces travaux ;

mais, après avoir examiné la position du prince Eugène, il jugea la chose impossible. Alors il plaça son armée hors de la portée des batteries du prince, en appuyant ses deux ailes à la rivière, de manière à former un arc dont l'Adda était la corde. Le maréchal ayant couvert cette position par des retranchements et des abatis, pouvait charger les colonnes à mesure qu'elles déboucheraient du pont, et les battre ainsi successivement. Eugène reconnut la position des Français, jugea le passage impraticable, et, dans la nuit, il leva son camp, après avoir fait retirer le pont.

Ce fut aussi par cette manœuvre que, dans la campagne de 1809, l'archiduc Charles força l'armée française à rentrer dans l'île de Lobau, après avoir débouché sur la rive gauche du Danube. La marche de l'archiduc était tout à fait concentrique; il menaçait d'attaquer Gross-Aspern par sa droite, Essling par son centre et Enzersdorf par sa gauche; son armée ayant ses deux ailes appuyées au Danube, formait une demi-circonférence autour d'Essling. Napoléon fit attaquer le centre de la ligne de bataille des Autrichiens, qu'il enfonça ; mais, après avoir forcé leur première ligne, il se vit arrêté par les réserves. Les ponts sur le Danube venaient d'être rompus, plusieurs corps et les parcs d'artillerie étaient encore sur la rive droite, et ce contre-temps, joint à la position avantageuse de l'armée autrichienne, décida Napoléon à ordonner la retraite sur l'île de Lobau. Cette île, où il avait fait construire plusieurs ouvrages de campagne, présentait tous les avantages d'un excellent camp retranché.

XXXVIII.

On peut encore observer que cette position intermédiaire doit être reconnue d'avance, ou mieux encore retranchée ; car l'ennemi ne pourra faire un mouvement offensif sur le corps destiné aux travaux du siége que lorsqu'il aura battu l'armée d'observation, qui, à l'abri de son camp, peut attendre le moment favorable pour attaquer en flanc ou à revers. Cette armée, ainsi retranchée, a encore l'avantage d'être concentrée, tandis que l'ennemi doit faire des détachements, s'il veut couvrir son pont et surveiller les mouvements de l'armée d'observation, pour attaquer l'armée de siége dans ses lignes, sans être exposé à être pris à revers ou à voir son pont menacé.

XXXIX.

Le maréchal de Saxe, dans la campagne de 1741, ayant passé la Moldaw pour se porter contre un détachement de quatorze mille hommes qui venaient pour se jeter dans Prague, laissa mille hommes d'infanterie sur cette rivière, avec ordre de se retrancher sur une hauteur qui se trouvait vis-à-vis de la tête de pont. Par cette précaution, le maréchal assurait sa retraite, et la facilité de repasser le pont sans désordre, en ralliant sa division entre cette hauteur retranchée et la tête de pont. De tels exemples ont-ils été inconnus aux généraux des temps modernes, ou bien ont-ils jugé ces précautions superflues ?

XL.

Les brillants succès des puissances alliées, dans la campagne de 1814, ont donné à beaucoup de militaires une fausse idée de la valeur réelle des places fortes. Les masses formidables qui franchirent le Rhin et les Alpes à cette époque, permirent de faire les nombreux détachements nécessaires pour bloquer les places fortes des frontières de la France, sans que l'armée qui marchait sur la capitale perdît sa supériorité numérique ; aussi cette armée put-elle agir sans craindre de voir sa retraite menacée. Mais, à aucune époque de l'histoire de la guerre, on n'a vu les armées de toutes les puissances de l'Europe marcher combinées et animées d'un même désir pour obtenir un résultat unique. Le cordon de forteresses qui entoure la France devait donc jouer le rôle passif qu'il a eu pendant cette campagne. Il me semble très-imprudent de croire qu'on peut franchir impunément une frontière gardée par de nombreuses places de guerre, et combattre avec ces places à dos, sans les avoir préalablement assiégées ou au moins investies avec des forces suffisantes.

XLI.

Quand on assiége une place, dit Montecuculli, on ne doit pas chercher à se placer vis-à-vis l'endroit le plus faible de la place, mais bien sur le point le plus favorable pour établir son camp et exécuter les desseins qu'on a formés. Cette maxime est aussi celle du maréchal de Berwick. Envoyé à Nice, en 1706, pour en faire le siége, il se détermina à attaquer du côté de Montalban, contre les avis de Vauban et même malgré les ordres du roi. N'ayant à sa disposition qu'une très-petite armée, il dut commencer par assurer son camp : ce qu'il fit en construisant des redoutes sur les hauteurs, de manière à barrer l'espace compris entre le Var et le Paillon qui appuyait ses flancs. Il se mit ainsi à couvert d'une surprise ; car le duc de Savoie ayant la faculté de déboucher à l'improviste par le col de Tende, il fallait que le maréchal pût rassembler ses forces, pour se porter rapidement à la rencontre de l'ennemi et le combattre avant qu'il eût pris position ; autrement, l'infériorité de son armée l'aurait obligé de lever le siége.

Le maréchal de Saxe, assiégeant Bruxelles avec vingt-huit mille hommes seulement, contre une garnison de douze mille, reçut avis que le prince de Valdeck rassemblait ses cantonnements pour faire lever le siége. N'étant pas assez fort pour former une armée d'observation, le maréchal vint reconnaître un champ de bataille sur le ruisseau de Voluwe, et il fit toutes les dispositions nécessaires pour s'y porter rapidement, en cas que l'ennemi s'approchât : il se mettait ainsi à même de recevoir l'ennemi sans discontinuer les travaux du siége.

XLII.

Pendant le siége de Mons, en 1691, le prince d'Orange rassembla son armée, et s'avança jusqu'à Notre-Dame-de-Hall, montrant l'intention de secourir la place. Louis XIV, qui commandait en personne le siége, assembla un conseil de guerre pour délibérer sur ce qu'il y aurait à faire dans le cas où le prince d'Orange s'approcherait. L'avis du maréchal de Luxembourg fut de rester dans les lignes de circonvallation, et cet avis fut adopté. Le maréchal donna pour raison que, lorsque l'armée assiégeante n'est pas assez forte pour garder tout le tour de la circonvallation, il faut sortir des lignes pour aller combattre l'ennemi; mais lorsqu'on est assez fort pour camper sur deux lignes autour de la place, il vaut mieux profiter d'un bon retranchement; d'autant plus que, par ce moyen, le siége n'est point interrompu.

En 1658, le maréchal de Turenne, assiégeant Dunkerque, avait déjà ouvert la tranchée, lorsque l'armée espagnole, sous les ordres de don Juan, de Condé et d'Hocquincourt, parut en vue de la ville, et prit position sur les dunes, à une lieue des lignes de l'assiégeant. Turenne avait la supériorité du nombre. Cependant il se décida à sortir des lignes;

mais le maréchal avait tous les avantages pour lui, car les ennemis n'avaient pas d'artillerie, et leur supériorité en cavalerie devenait inutile pour eux, puisque le terrain n'était pas favorable à cette arme ; il était donc important de battre l'armée espagnole avant qu'elle eût le temps de se retrancher et de recevoir son artillerie. La victoire remportée par les Français à cette bataille justifia toutes les combinaisons du maréchal de Turenne.

Le maréchal de Berwick, assiégeant Philipsbourg, en 1734, avait à craindre que le prince Eugène de Savoie ne vînt l'attaquer, avant la fin du siége, avec toutes les forces de l'empire. Après avoir disposé les troupes destinées au siége, le maréchal forma, avec le reste de son armée, un corps d'observation destiné à faire tête au prince Eugène, soit qu'il voulût attaquer l'armée dans ses lignes, soit qu'il voulût faire une diversion sur la Moselle ou sur le haut Rhin. Le prince Eugène s'étant présenté devant l'armée assiégeante, quelques officiers généraux ne furent point d'avis d'attendre l'ennemi dans les lignes, mais d'aller au-devant de lui pour l'attaquer. Cependant le maréchal de Berwick, qui pensait, comme le duc de Luxembourg, qu'une armée qui peut garnir partout de bons retranchements n'est pas susceptible d'être forcée, persista à rester dans ses lignes. L'expérience prouva que c'était aussi le sentiment du prince Eugène ; car il n'osa pas attaquer les retranchements, ce qu'il n'eût pas manqué de faire, s'il avait eu l'espérance de les forcer.

XLIII et XCVIII.

Si l'on est inférieur en nombre, a dit le maréchal de Saxe, on ne tiendra pas derrière des retranchements où l'ennemi porte toutes ses forces pour pénétrer sur quelques points ; si l'on est égal en force, on n'y tiendra pas non plus ; si l'on est supérieur, on n'en a pas besoin : pourquoi donc se donner la peine d'en faire ? Cependant, malgré cette opinion que les retranchements sont inutiles, le maréchal de Saxe en a souvent fait usage.

En 1797, les généraux Provera et Hohenzollern s'étant présentés pour faire lever le siége de Mantoue, où était renfermé le maréchal Wurmser, furent arrêtés par les lignes de contrevallation de Saint-Georges. Ce léger obstacle suffit pour donner le temps à Napoléon d'arriver de Rivoli et de faire échouer leur entreprise. Celui-ci pensait encore que c'était pour avoir négligé de se retrancher par des lignes qu'on avait été obligé de lever le siége dans la campagne précédente.

XLIV.

Quelques bataillons épars dans une ville n'inspirent aucune crainte ; mais renfermés dans l'enceinte plus étroite d'une citadelle, ils imposent. Ainsi cette précaution me semble nécessaire non-seulement dans les places de guerre, mais partout où l'on a formé des dépôts de blessés et des magasins. A défaut de citadelle, on doit choisir un quartier de la ville favorable pour la défensive, et s'y retrancher de manière à pouvoir opposer le plus de résistance possible.

XLV.

En 1705, les Français, assiégés dans Haguenau par le comte de Thungen, se voyaient hors d'état de soutenir l'assaut. Le gouverneur Peri, qui s'était distingué par une vigoureuse défense, ne pouvant espérer d'obtenir capitulation sans se rendre prisonnier de guerre, se décida à se faire jour les armes à la main pour sortir de la place. Afin d'assurer le secret de son entreprise, de tromper l'ennemi et de connaître en même temps l'esprit des officiers subalternes, Peri assemble un conseil de guerre, où il annonce qu'il est déterminé à mourir sur la brèche; puis, sous prétexte de l'extrémité où l'on se trouve, il fait tenir toute la garnison sous les armes, et, à la nuit, après avoir laissé seulement quelques tirailleurs sur la brèche, il ordonne à la garnison de se mettre en marche, et sort en silence de Haguenau. Le succès couronna cette audacieuse résolution, et Peri arriva à Saverne sans avoir éprouvé la moindre perte. Deux belles défenses, dans les temps modernes, sont celles du général Massena à Gênes, et de Palafox à Saragosse. Le premier sort avec armes et bagages et tous les honneurs de la guerre, après avoir repoussé toutes les sommations et s'être défendu jusqu'à ce que la famine l'eût forcé à capituler ; le second ne se rend qu'après avoir enseveli sa garnison sous les décombres de la ville, qu'il défend de maison en maison jusqu'au moment où la faim et la mort lui font une absolue nécessité de se rendre. Ce dernier siége, aussi honorable pour les Français que pour les Espagnols, est un des plus mémorables de l'histoire de la guerre. Palafox a dévoilé, pendant ce siége, tout ce qu'on peut attendre de l'opiniâtreté et du courage pour prolonger la défense d'une place forte. La vraie force est dans la volonté : aussi, je crois que, dans le choix d'un gouverneur, on doit moins avoir égard à ses talents qu'à son caractère, car ses qualités les plus essentielles doivent être le courage, la persévérance et le dévouement ; il doit surtout posséder le talent d'exalter non-seulement la garnison, mais encore la population entière de la place : sans quoi, quel que soit l'art avec lequel on aura multiplié les ouvrages défensifs, la garnison sera réduite à capituler, après avoir essuyé le premier ou tout au plus le second assaut.

XLVI.

Le maréchal de Villars a dit que le gouverneur d'une place de guerre ne doit jamais donner pour excuse de sa capitulation, qu'il veut conserver les troupes du roi. Toute garnison qui marquera de la fermeté ne sera pas prisonnière de guerre ; car il n'y a point de général qui, assuré d'emporter une place d'assaut, n'aime mieux donner capitulation que de hasarder de perdre mille hommes pour forcer des gens obstinés.

XLVII.

Un général, a dit Frédéric, doit mettre toute son attention pour assurer la tranquillité de ses cantonnements, afin que le soldat, libre de toute inquiétude, puisse se reposer de ses fatigues. Pour atteindre ce but, on doit observer que les troupes puissent rapidement se former sur un terrain reconnu d'avance, que les généraux soient avec leurs divisions ou leurs brigades, et que le service se fasse partout avec exactitude.

Le maréchal de Saxe est d'avis qu'on ne doit pas se hâter de sortir de ses cantonnements, mais qu'il faut attendre que l'ennemi se soit ruiné par des marches, afin de tomber sur lui avec des troupes fraîches, lorsque les siennes sont déjà fatiguées. Je crois cependant qu'il serait dangereux de regarder son avis comme une maxime ; car il est beaucoup de circonstances où tout l'avantage est dans l'initiative, surtout quand l'ennemi ayant été forcé d'étendre ses cantonnements à cause de la rareté des subsistances, on peut l'attaquer avant qu'il ait eu le temps de concentrer ses forces.

XLVIII.

Il me semble que si les circonstances exigent qu'une ligne d'infanterie se forme en carré, l'ordre sur deux rangs sera bien mince pour résister au choc de la cavalerie. Quelque inutile que paraisse le troisième rang pour les feux de file, il est cependant nécessaire pour remplacer les hommes qui tomberont au premier et au second rang ; autrement on sera obligé de serrer les files, et de laisser alors entre les pelotons des intervalles dont la cavalerie ne manquera pas de profiter. Il me semble encore que quand l'infanterie sera placée sur deux rangs, les colonnes se trouveront bien allongées lorsqu'on sera en marche par le flanc. Derrière les retranchements, si l'on trouve plus avantageux de placer l'infanterie sur deux rangs, il faut placer le troisième en réserve ; pour l'utiliser, on l'enverra remplacer le premier rang, quand celui-ci sera fatigué et qu'on commencera à remarquer que le feu manque de vivacité. Je ne me permets, au reste, de faire ces observations que parce que j'ai lu, dans une excellente brochure ayant pour titre *De l'Infanterie*, qu'on propose l'ordre sur deux rangs comme le meilleur : l'auteur le prouve, il est vrai, par une infinité de raisons excellentes, mais insuffisantes pour répondre à toutes les objections qu'on pourrait lui opposer.

XLIX.

C'est aussi l'avis du maréchal de Saxe. « La faiblesse de cet ordre, dit-il, suffit seule pour intimider ces pelotons d'infanterie, parce qu'ils sentent qu'ils sont perdus si la cavalerie est battue ; la cavalerie, qui s'est flattée du secours de l'infanterie, ne la voyant plus, dès qu'elle aura fait un mouvement un peu brusque, restera déconcertée. » Le maréchal de Turenne et les généraux de son temps ont quelquefois employé cet ordre ; mais il me semble que cela ne suffisait pas pour engager un auteur moderne à le présenter comme avantageux, dans ses *Considérations sur l'art de la guerre*. Depuis longtemps cet ordre n'est plus en usage, et, depuis la création de l'artillerie légère, il me paraît qu'il est devenu ridicule de le proposer.

L.

L'archiduc Charles, en parlant de la cavalerie, recommande de la porter en masse sur le point décisif, lorsque le moment de l'utiliser est arrivé, c'est-à-dire lorsqu'elle peut attaquer avec certitude de succès. La vivacité de son allure permettant à la cavalerie d'opérer sur toute la ligne dans une même journée, le général qui la commande doit, autant que possible, la réunir en grandes masses et éviter d'en faire de trop nombreux détachements. Quand la nature du terrain permet d'employer la cavalerie sur tous les points de la ligne, il est alors avantageux de la former en colonne derrière l'infanterie, dans une position où elle puisse facilement se porter partout où le cas l'exigera. Si la cavalerie doit couvrir une position, elle doit être placée assez en arrière pour atteindre en carrière les troupes qui viendraient attaquer cette position. Si elle est destinée à couvrir le flanc de l'infanterie, elle doit aussi, par le même motif, être placée en arrière. L'effet de la cavalerie étant purement offensif, il est de règle de la former à une distance suffisante du point où elle doit s'engager, pour qu'elle puisse prendre carrière et y arriver avec la plus grande impulsion possible. Quant à la réserve de cavalerie, elle ne doit être employée qu'à la fin d'une bataille, soit pour opérer un succès décisif, soit pour protéger un mouvement de retraite. Napoléon observe qu'à la bataille de Waterloo, la cavalerie de la garde, qui formait sa réserve, fut engagée contre ses ordres ; il se plaint d'avoir été privé, dès cinq heures, de cette réserve de cavalerie, qui, bien employée, lui avait si souvent assuré la victoire !

LI.

Vainqueur ou vaincu, il est du plus grand avantage d'avoir des escadrons de cavalerie en réserve, soit pour profiter de la victoire, soit pour assurer la retraite ; car on a souvent vu des batailles décisives devenir de peu d'importance pour le vainqueur, parce qu'il manquait de cavalerie pour poursuivre ses succès, et enlever à son adversaire la possibilité de se rallier. Lorsqu'on poursuit une armée en retraite, c'est surtout sur ses flancs qu'on doit porter les masses de cavalerie, si elles se trouvent suffisantes pour couper sa ligne de retraite.

LII.

L'artillerie légère est une création de Frédéric ; l'Autriche ne tarda pas à l'introduire dans ses armées, mais d'une manière imparfaite. Ce n'est qu'en 1792 que cette arme fut adoptée en France ; elle y fut rapidement portée au point de perfection où elle se trouve maintenant. Les services que cette arme a rendus pendant les guerres de la Révolution sont immenses ; et l'on peut dire, en quelque sorte, qu'elle a changé la tactique, puisque par sa mobilité elle permet de se porter rapidement sur tous les points où l'artillerie peut avoir un succès décisif.

Napoléon a dit, dans ses Mémoires, qu'une batterie qui prolonge, domine et bat l'ennemi en écharpe, peut décider la victoire. Ainsi, outre que l'artillerie légère est nécessaire pour assurer les flancs de la cavalerie et préparer le succès d'une charge par l'effet de la mitraille, ces deux armes doivent encore être ensemble pour se porter rapidement sur les points où il est avantageux d'établir des batteries. La cavalerie, dans ce cas, masque la marche de l'artillerie, elle en protége l'établissement, et la couvre des attaques de l'ennemi.

LIII.

Plus l'infanterie est bonne, plus il est important de l'appuyer par des batteries, afin de la ménager. Il est nécessaire aussi que l'artillerie attachée aux divisions marche en avant, parce que cela influe sur le moral du soldat, qui attaque avec plus d'assurance lorsqu'il est sûr que les flancs de la colonne sont couverts par l'artillerie. La réserve d'artillerie doit être employée dans un moment décisif et en grande masse, parce qu'alors il est difficile que l'ennemi ose rien entreprendre contre elle ; car il n'y a presque pas d'exemple qu'une batterie de soixante pièces de canon ait été emportée par une charge d'infanterie ou de cavalerie, à moins qu'elle ne fût point appuyée ou qu'elle se trouvât dans le cas d'être facilement tournée.

LIV.

La batterie de dix-huit pièces de canon qui couvrait le centre de l'armée russe à la bataille de la Moskowa (Borodino) peut être citée comme un exemple. Son emplacement sur un mamelon arrondi qui commandait dans tous les sens, lui donnait une force telle qu'elle suffit pendant longtemps pour rendre indécise l'attaque vigoureuse que les Français firent par leur droite. Deux fois enfoncée, la gauche de l'armée russe pivota sur cette batterie et reprit deux fois sa première position. Attaquée à plusieurs reprises, avec une rare intrépidité, cette batterie fut enfin emportée par les Français, mais après y avoir perdu des corps d'élite et les généraux Montbrun et Caulaincourt. Sa prise décida du mouvement rétrograde de la gauche de l'armée russe. On peut encore citer, dans la campagne de 1809, l'effet terrible que produisirent les cent pièces de canon de la garde que le général Lauriston dirigea, à la bataille de Wagram, contre la droite de l'armée autrichienne.

LV.

Un grand avantage qui résulte de la réunion de l'armée dans un camp, c'est qu'il est bien plus facile d'en diriger l'esprit et d'y maintenir la discipline. Le soldat cantonné se livre avec joie au repos ; il finit par s'y plaire et craint de rentrer en campagne. Le contraire a lieu dans un camp, où l'ennui et une discipline plus sévère lui font désirer de voir bientôt la campagne s'ouvrir, afin d'interrompre l'uniformité du service par les chances variées que présente la guerre. Une armée campée est d'ailleurs bien plus à l'abri d'une surprise que dans des cantonnements, dont le défaut est presque toujours d'occuper un espace de terrain trop étendu.

Dans le cas où l'on serait forcé de prendre des cantonnements, le marquis de Feuquières recommande de choisir un camp sur le front de la ligne, et d'y rassembler souvent les troupes, soit à l'improviste pour vérifier si le service se fait avec vigilance, soit dans le seul but de réunir les différents corps.

LVI.

Ceci me semble plus applicable aux soldats qu'aux officiers : car la guerre n'étant pas une chose naturelle à l'homme, il faut que ceux qui en raisonnent les causes y soient conduits par une passion quelconque. Pour qu'une armée fasse de grandes choses dans une guerre où elle ne met aucun intérêt, il faut qu'elle soit animée d'un grand enthousiasme et d'un grand dévouement pour le chef qui la commande : cela est assez prouvé par la mollesse avec laquelle agissent ordinairement les troupes auxiliaires, lorsqu'elles ne sont pas elles-mêmes entraînées par leur chef.

LVII.

C'est une vérité incontestable, surtout pour une armée destinée à combattre d'après le système des guerres modernes, où le succès repose principalement sur l'ordre, la précision et la rapidité des manœuvres.

LVIII.

La valeur appartient aussi bien au jeune soldat qu'au vétéran, mais elle est plus momentanée : c'est par l'habitude du service, c'est après plusieurs campagnes que le soldat acquiert le courage moral qui fait supporter sans se plaindre la fatigue et les privations de la guerre ; l'expérience lui apprend alors à suppléer à ce qui lui manque ; il se contente de ce qu'il peut se procurer, parce qu'il sait que le succès ne s'obtient que par une persévérance soutenue. Napoléon pouvait dire avec raison que la misère est l'école du bon soldat, puisque rien ne peut être comparé au dénûment de l'armée des Alpes lorsqu'il en prit le commandement, comme aussi rien n'est à comparer aux brillants succès qu'il obtint avec cette même armée dans sa première campagne d'Italie. Les troupes qui vainquirent à Montenotte, Lodi, Castiglione, Bassano, Arcole et Rivoli, avaient vu, quelques mois auparavant, des bataillons entiers, couverts de lambeaux, déserter parce qu'ils manquaient de vivres.

LIX et CIII.

Il est heureux que Napoléon ait reconnu l'avantage de donner un outil de pionnier aux soldats ; car son autorité servira peut-être à combattre le ridicule qu'on a cherché à jeter sur ceux qui l'ont proposé. Une hache ne gênera pas plus le soldat d'infanterie que le sabre qu'il porte inutilement à son côté, et elle lui sera bien plus utile. Celles qu'on distribue par compagnie, et qu'en campagne on fait porter par des hommes de corvée, ne tardent pas à se perdre ; aussi, lorsqu'il faut camper, est-il souvent fort difficile de faire du bois et de baraquer, faute d'instruments nécessaires. En donnant, au contraire, la hache comme partie intégrante de l'armement du soldat, il sera toujours obligé de l'avoir avec lui, et, soit qu'il veuille se retrancher dans un village ou établir des baraques dans un camp, un chef de corps ne tardera pas à s'apercevoir des avantages que procurerait cette innovation. Une fois la hache adoptée, peut-être sentira-t-on aussi la nécessité de donner des pioches et des pelles à quelques compagnies, et surtout l'avantage de se retrancher plus souvent.

C'est particulièrement dans les retraites qu'il est important de se retrancher, lorsqu'on est parvenu à atteindre une bonne position ; car un camp retranché non-seulement facilite à une armée poursuivie les moyens de se rallier, mais encore, s'il est tellement fortifié qu'il puisse paraître douteux à l'ennemi de l'attaquer avec succès, cela ne manquera pas de rétablir le moral des troupes en retraite, et de donner au général en chef des ressources pour reprendre l'offensive, en profitant des premières dispositions vicieuses qu'il verra prendre à son adversaire. On sait que, dans la campagne de 1761, Frédéric, cerné par les deux armées russe et autrichienne, dont les forces réunies étaient quadruples des siennes, sauva cependant son armée en se retranchant au camp de Buntzelwitz.

LX.

Quelques écrivains modernes ont proposé, au contraire, d'abréger la durée du service, afin de faire passer successivement toute la jeunesse sous les drapeaux; ils prétendent, par ce moyen, obtenir des levées en masse tout exercées, et capables de repousser avec succès une guerre d'invasion. Quelque brillant que paraisse au premier abord un pareil système de forces militaires, je crois cependant qu'il est très-facile de le combattre. Ainsi, le soldat, fatigué du service minutieux de garnison et du joug de la discipline, n'aura pas grande envie de recommencer aussitôt qu'il aura reçu son congé; d'autant plus qu'ayant servi le temps prescrit, il croira avoir rempli les devoirs que tout citoyen doit à sa patrie ; rentré dans ses foyers, il se marie, prend un métier, perd rapidement l'esprit militaire, et devient bientôt inhabile pour la guerre. Au contraire, le soldat qui sert longtemps s'attache à son régiment comme à une nouvelle famille ; il oublie le joug de la discipline, s'habitue aux privations que lui impose son état, et finit par trouver son existence agréable. Il est peu d'officiers, qui aient fait la guerre, qui ne connaissent la différence qu'il y a entre les vieux et les jeunes soldats, soit pour supporter la fatigue d'une longue campagne, soit pour attaquer avec le sang-froid qui distingue le vrai courage, soit enfin pour se rallier quand on a été repoussé en désordre.

Montecuculli a dit qu'il faut du temps pour discipliner une armée, encore plus pour l'aguerrir, et beaucoup plus pour faire de vieilles troupes. Aussi, il recommande de faire grand cas des vieux guerriers, de les conserver avec soin et d'en avoir toujours un bon nombre sur pied. Il me semble donc qu'il n'est pas même suffisant d'augmenter la paye du soldat en raison des années de service, mais qu'il faudrait en outre lui donner une marque de distinction qui lui assurerait des priviléges susceptibles de l'encourager à vieillir sous les drapeaux, et surtout à y vieillir avec honneur.

LXI.

La pensée du général en chef, exprimée d'une manière énergique, est cependant d'une grande influence sur le moral du soldat. En 1703, à l'attaque de Hornbek, le maréchal de Villars, voyant que les troupes avançaient mollement, s'élance lui-même à leur tête. *Eh quoi! leur dit-il, faudra-t-il donc que moi, maréchal de France, je monte le premier à l'escalade, si je veux qu'on attaque?* Ce peu de mots réveilla leur courage; officiers et soldats s'élancèrent à l'envi sur les remparts, et la ville fut prise d'assaut sans perte.

C'est assez reculer pour aujourd'hui; vous savez que je couche toujours sur le champ de bataille! disait Napoléon, en parcourant les rangs au moment où il voulut reprendre l'offensive à la bataille de Marengo. Ces quelques mots suffirent pour ranimer l'ardeur du soldat et lui faire oublier la fatigue d'une journée où presque toutes les troupes avaient déjà combattu.

LXII.

L'avantage reconnu de bivouaquer est un motif de plus pour ajouter un outil de pionnier à l'armement du soldat, parce que, au moyen de la hache et de la pelle, il pourra plus facilement se baraquer. J'ai vu des baraques faites avec des branches d'arbres, recouvertes en gazon, où l'on était parfaitement à l'abri de la pluie et du froid, même dans la plus mauvaise saison.

LXIII.

Montecuculli observe avec sagacité que les prisonniers doivent être interrogés séparément, afin de reconnaître, par la comparaison de leurs réponses, s'ils ne cherchent pas à tromper par de faux rapports. En général, les renseignements qu'on obtient des officiers prisonniers doivent surtout faire connaître les ressources de l'ennemi, et quelquefois des détails sur les localités. Frédéric recommande de menacer les prisonniers d'être passés par les armes, si l'on s'aperçoit qu'ils ont l'intention de faire de faux rapports.

LXIV.

Les succès, dit l'archiduc Charles, ne s'obtiennent que par des efforts simultanés vers un même point, des résolutions énergiques et une grande promptitude d'exécution. Il est rare que plusieurs hommes, qui veulent cependant arriver au même but, se trouvent parfaitement d'accord sur les moyens à prendre pour y parvenir; et, si la volonté d'un seul ne l'emporte, ils manqueront d'ensemble dans l'exécution de leurs opérations, et n'atteindront pas le but proposé. Il est inutile d'appuyer cette maxime par des exemples, qui ne se trouvent que trop fréquemment dans l'histoire. Eugène et Marlborough mêmes n'auraient peut-être pas été si heureux dans les campagnes qu'ils ont dirigées de concert, si l'intrigue et la divergence d'opinion n'avaient pas constamment désorganisé les armées qui leur étaient opposées.

LXV.

Le prince Eugène disait que les conseils de guerre ne sont bons que lorsqu'on veut une excuse pour ne rien entreprendre. C'est aussi l'avis de Villars. Un général en chef doit donc éviter d'assembler un conseil dans les occasions périlleuses, et se borner à consulter séparément ses officiers généraux les plus expérimentés, afin de s'éclairer de leurs avis, et se décider ensuite d'après ses propres vues. Il devient alors, il est vrai, responsable du parti qu'il va prendre ; mais il a l'avantage d'agir d'après sa propre conviction, et d'être sûr que le secret de ses opérations ne sera pas divulgué, comme cela arrive ordinairement lorsqu'elles sont discutées dans un conseil de guerre.

LXVI.

L'homme qui obéit, quel que soit le commandement qui lui est confié, sera toujours à couvert de ses fautes, s'il a exécuté les ordres qui lui ont été donnés. Il n'en est pas de même du général en chef, sur qui reposent le salut de l'armée et le succès de la campagne. Occupé sans relâche à observer, méditer et prévoir, il est concevable qu'il doit acquérir une solidité de jugement qui lui fera toujours apercevoir l'état des choses sous un point de vue plus vaste et plus vrai que ses généraux subalternes. Le maréchal de Villars, dans toutes ses campagnes, a presque toujours agi contre l'avis de ses généraux, et il a presque toujours été heureux : tant il est vrai qu'un général qui se sent la force de commander une armée, doit suivre ses propres inspirations, s'il veut obtenir des succès.

LXVII.

Dans la campagne de 1750, Frédéric détacha le général Fink avec dix-huit mille hommes sur Maxen, afin de couper les défilés de la Bohême à l'armée autrichienne. Cerné par des forces doubles, après un combat assez vif, le général Fink capitula, et quatorze mille hommes posèrent les armes. Cette défection est d'autant plus honteuse, que le général Vunch, qui commandait la cavalerie, ayant réussi à se faire jour, tout le blâme de cette capitulation retomba sur le général Fink, qui fut depuis traduit devant un conseil de guerre, cassé de ses dignités militaires, et condamné à deux ans de prison. Dans la campagne d'Italie, en 1796, le général autrichien Provera capitula avec deux mille hommes au château de Cossaria; plus tard, à la bataille de la Favorite, ce même général capitula avec un corps de plus de six mille hommes. On n'ose presque pas citer la honteuse capitulation du général Mack à Ulm, en 1805, par suite de laquelle trente mille Autrichiens mirent bas les armes ; tandis qu'on a vu, pendant les guerres de la Révolution, tant de généraux se faire jour, par une détermination vigoureuse, avec quelques bataillons seulement.

LXVIII.

Les soldats, ignorant presque toujours les desseins de leur chef, ne peuvent pas être responsables de sa conduite ; s'il ordonne de poser les armes, ils doivent le faire, à moins de manquer aux lois de la discipline, plus nécessaire à une armée que quelques milliers d'hommes. Il me paraît donc qu'en pareil cas les chefs seuls doivent être responsables, et subir la peine due à leur lâcheté ; car il n'y a pas d'exemples que les soldats n'aient fait leur devoir dans une situation désespérée, lorsqu'ils étaient conduits par des officiers courageux et résolus.

LXIX.

On a toujours le temps de se rendre prisonnier ; aussi ne doit-on le faire qu'à la dernière extrémité. Je me permettrai de citer ici un exemple d'une rare opiniâtreté à se défendre, qui m'a été attesté par des témoins oculaires. Le capitaine de grenadiers Dubreuil, du 37e régiment de ligne, ayant été envoyé en détachement avec sa compagnie, fut arrêté dans sa marche par un gros parti de Cosaques, qui l'entourèrent de tous côtés. Cet officier forme aussitôt sa petite troupe en carré, et cherche à gagner la lisière d'un bois qui était à quelques portées de fusil de l'endroit où ils avaient été attaqués. Ils arrivèrent à portée du bois avec peu de perte ; mais aussitôt que les grenadiers virent qu'ils pouvaient y trouver un refuge presque assuré, ils se débandèrent et se sauvèrent dans le bois, laissant leur capitaine et quelques braves qui n'avaient pas voulu le quitter, à la merci de la cavalerie. Ralliés dans l'épaisseur du bois, les grenadiers, honteux d'avoir abandonné leur capitaine, prennent la courageuse résolution d'aller l'arracher à l'ennemi s'il est prisonnier, ou au moins d'enlever son cadavre s'il a succombé.

Après s'être formés sur la lisière du bois, les grenadiers s'ouvrent un passage à la baïonnette au travers de la cavalerie, et pénètrent jusqu'à leur capitaine, qui, malgré dix-sept blessures, se défendait encore : ils l'entourent aussitôt et regagnent le bois sans éprouver beaucoup de perte. De tels exemples ne sont pas rares dans les guerres de la Révolution ; il serait à désirer qu'ils fussent recueillis par des contemporains, pour apprendre aux militaires tout ce qu'on peut obtenir à la guerre par une volonté et une résolution énergiques.

LXX.

Chez les Romains, les généraux ne parvenaient au commandement des armées qu'après avoir exercé les différentes charges de la magistrature ; ainsi, par leurs connaissances administratives, leurs généraux se trouvaient à même de gouverner les provinces conquises avec la prévoyance que nécessite un pouvoir nouveau, soutenu par une force arbitraire. Aujourd'hui, d'après les institutions militaires modernes, les généraux, instruits seulement en ce qui concerne les opérations de stratégie et de tactique, sont obligés de confier la partie administrative de la guerre à des employés, qui, ne faisant pas précisément partie de l'armée, rendent plus apparents encore les abus et les vexations qui sont une suite presque inévitable de la guerre. Cette observation, que je ne fais que renouveler, me semble cependant digne d'une attention particulière ; car si l'on employait pour la diplomatie les loisirs que la paix donne aux officiers supérieurs, si on les employait aux différentes légations que les souverains envoient dans les cours étrangères, ils apprendraient à connaître les lois et l'esprit des gouvernements où ils devraient porter un jour le théâtre de la guerre ; ils apprendraient aussi à distinguer les intérêts sur lesquels doivent reposer les traités qui peuvent terminer avantageusement une campagne. A l'aide de ces connaissances, un général en chef obtiendrait des succès bien plus sûrs et plus positifs, puisque tous les ressorts de la guerre se trouveraient entre ses mains. On a vu le prince Eugène et le maréchal de Villars remplir, avec une égale habileté, la charge de général en chef et celle de négociateur.

Lorsque l'armée qui occupe une province conquise observe bien la discipline, il n'est presque pas d'exemples que le peuple de ces provinces se soulève, à moins que cette sédition ne soit provoquée par les exactions des employés aux administrations des armées, ce qui n'arrive que trop souvent. C'est donc principalement sur cette partie que le général en chef doit porter son attention, afin d'exiger que les contributions imposées pour les besoins de l'armée soit réparties avec justice, et surtout qu'elles soient appliquées à leur vraie destination, au lieu de servir à enrichir les employés, comme cela se pratique ordinairement.

LXXI.

Les ambitieux qui, obéissant à leurs passions, arment les citoyens les uns contre les autres, sous le voile trompeur de l'intérêt général, me semblent encore plus coupables ;

car, quel que soit l'arbitraire d'un gouvernement, ses institutions, consolidées par le temps, sont toujours préférables à la guerre civile, et aux lois anarchiques qu'elle est obligée de créer pour justifier les crimes qui en sont une suite naturelle. Être fidèle à son souverain et respecter le gouvernement établi, telles sont les qualités qui doivent spécialement distinguer l'homme de guerre.

LXXII.

Dans la campagne de 1697, le prince Eugène fit retenir le courrier qui lui apportait des ordres de l'Empereur pour lui défendre de hasarder une bataille. Il avait tout prévu, au contraire, pour la rendre décisive ; il crut faire son devoir en éludant les ordres de l'Empereur ; et la victoire de Zanta, où les Turcs perdirent environ trente mille hommes et quatre mille prisonniers, fut le succès qui couronna son audace. Cependant, malgré les avantages immenses que cette victoire procura à l'armée impériale, le prince Eugène fut disgracié en arrivant à Vienne. En 1793, le général Hoche ayant reçu ordre de marcher sur Trèves, avec une armée harassée par des marches multipliées au milieu d'un pays montagneux et difficile, refusa d'obéir ; il observait, avec raison, que pour gagner une place insignifiante, on l'exposait à perdre son armée. Il fit rentrer ses troupes en quartier d'hiver, et préféra le salut de son armée, de laquelle dépendait le succès de la campagne suivante, à sa propre conservation ; car, appelé à Paris, il y fut jeté dans un cachot, d'où il ne sortit qu'après la chute de Robespierre. Je n'oserai pas décider si de tels exemples sont à suivre : il serait à désirer que cette question, qui me paraît neuve et d'une haute importance, fût discutée par des hommes capables de l'éclaircir.

LXXIII.

La première qualité d'un général en chef, dit Montecuculli, est une grande connaissance de la guerre ; elle s'acquiert par l'expérience, et n'est pas infuse ; car on ne naît pas capitaine :

on le devient. Ne point se troubler, avoir toujours l'esprit libre, ne rien confondre dans le commandement, ne laisser jamais paraître d'altération sur son visage, donner ses ordres au milieu d'une bataille avec autant de tranquillité que si l'on était en plein repos, sont des preuves de la valeur d'un général. Encourager les timides, grossir le petit nombre des braves, ranimer le combat languissant, rallier les troupes rompues, ramener à la charge celles qui ont été repoussées, rétablir l'avantage des armes dans une situation désespérée, se perdre enfin, s'il le faut, pour sauver l'État, sont des actions qui honorent éminemment l'homme de guerre.

Aux qualités ci-dessus énoncées, on peut ajouter le talent de distinguer les hommes et de les employer chacun dans le poste où il est appelé par son caractère. « Ma grande attention, disait le maréchal de Villars, était de bien connaître mes officiers généraux subalternes; tel, par un esprit audacieux, est propre à conduire une tête de colonne qui doit attaquer; tel autre, par un génie porté naturellement aux précautions, sans d'ailleurs manquer de courage, répondra plus facilement de la défense d'un pays. » Ce n'est qu'en appliquant à propos ces différentes qualités personnelles, que l'on peut se procurer et presque s'assurer de grands succès.

LXXIV.

Autrefois, les attributions des chefs d'état-major se bornaient à la préparation de tout ce qui avait rapport à l'exécution des plans de campagne et des opérations résolues par le général en chef; dans une bataille, ils étaient seulement employés à la transmission des ordres de mouvement, dont ils devaient surveiller l'exécution. Mais, dans les dernières guerres, les officiers d'état-major ont souvent été chargés de commander une colonne d'attaque ou de gros détachements, lorsque le général en chef craignait de compromettre le secret par une transmission d'ordres et d'instructions. Il est résulté de grands avantages de cette innovation, longtemps repoussée, puisque, par ce moyen, on met les officiers à même de perfectionner la théorie par la pratique, et qu'en outre ils acquièrent l'estime du soldat et de l'officier subalterne des troupes de ligne, qui sont faciles à juger défavorablement des officiers supérieurs qu'ils n'ont jamais vus au rang des combattants. Les généraux qui ont été employés avec succès dans le poste difficile le chef d'état-major, pendant les guerres de la Révolution, s'étaient déjà presque tous fait connaître dans le service des différentes armes.

Le maréchal Berthier, qui a rempli d'une manière si brillante la place de chef d'état-major de Napoléon, possédait les qualités les plus essentielles à un général : une valeur calme et brillante, un excellent jugement et une longue expérience. Il porta les armes pendant un demi-siècle, fit la guerre dans les quatre parties du monde, ouvrit et termina trente-deux campagnes. Dans son enfance, il acquit, sous les yeux de son père, ancien ingénieur-géographe, le talent de lever les plans et de les dessiner avec goût, ainsi que les connaissances préliminaires pour devenir officier d'état-major. Admis par le prince de Lambesc dans son régiment de dragons, il y acquit l'avantage, si essentiel pour un homme de guerre, de manier avec adresse son cheval et ses armes. Attaché ensuite à l'état-major du comte de Rochambeau, il fit sa première campagne en Amérique, où il commença à se faire distinguer par son activité, sa valeur et ses talents. Devenu officier supérieur dans le corps de l'état-major général formé par le maréchal de Ségur, il visita les camps du roi de Prusse, et remplit, en 1789, les fonctions de chef d'état-major sous le baron de Bezenval. Pendant dix-neuf années, remplies par seize campagnes, l'histoire de la vie du maréchal Berthier n'est autre que celle des guerres de Napoléon, dont il dirigea tous les détails d'exécution, soit dans le cabinet, soit sur le terrain. Etranger aux intrigues politiques, il travaillait avec une activité infatigable, saisissait avec promptitude et sagacité les vues générales, et donnait ensuite tous les ordres d'exécution avec prévoyance, clarté et concision. Discret, impénétrable, modeste, il était exact, juste et sévère pour tout ce qui touchait au service ; mais il donnait toujours lui-même l'exemple du zèle et de la vigilance, et savait maintenir la discipline et faire respecter par tous ses subordonnés, quels que fussent leur rang et leur grade, l'autorité qui lui était confiée.

LXXV.

Après avoir reconnu l'avantage de charger un corps militaire de l'approvisionnement des armes et munitions de guerre d'une armée, il me semble qu'on aurait déjà dû sentir l'importance de confier aussi l'approvisionnement des vivres et des fourrages à un corps tout à fait militaire, et non pas à une administration séparée, comme cela s'est pratiqué jusqu'à ce jour. Les administrations civiles attachées aux armées, presque toujours formées au moment où l'on commence la guerre, sont composées d'employés étrangers aux lois de la discipline, qu'ils n'observent point ; ils sont peu estimés du militaire, parce qu'ils ne servent que pour s'enrichir, n'importe par quels moyens ; enfin, ils ne mettent que leur intérêt particulier dans un service où ils sont étrangers à la gloire de l'armée, bien qu'une partie du succès repose souvent sur leur zèle. Les désordres et les dilapidations, qui sont ordinaires à cette administration, cesseraient sûrement si les emplois en étaient confiés à des hommes sortis des rangs de l'armée, et qui, pour prix de leurs travaux, partageraient avec leurs frères d'armes la gloire du succès.

LXXVI.

Les fourrages, qui se faisaient avec de petits détachements, ordinairement confiés à de jeunes officiers, servaient autrefois à former de bons officiers d'avant-postes ; mais aujourd'hui, que les approvisionnements de l'armée se font au moyen de contributions régulières, c'est seulement dans la guerre de partisans qu'on peut encore acquérir l'expérience nécessaire pour remplir ce poste avec succès. Un chef de partisans, en quelque sorte indépendant de l'armée, dont il ne reçoit ni vivres ni solde, et très-rarement des secours, se trouve, pendant toute la campagne, abandonné aux seules ressources qu'il peut se procurer. Il doit joindre la ruse à la valeur, la prudence à l'audace, s'il veut recueillir du butin, sans exposer sa petite troupe à se mesurer avec des forces supérieures. Toujours inquiet, toujours environné de dangers qu'il doit prévoir et surmonter, le chef de partisans acquiert en peu de temps une expérience des détails de la guerre, qu'obtiendra rarement l'officier de troupes de ligne, parce que celui-ci est presque toujours sous l'influence d'une autorité supérieure qui dirige tous ses mouvements.

LXXVII.

On ne devient grand capitaine qu'avec une longue expérience et la passion de l'étude, a dit l'archiduc Charles. Il ne suffit point de ce qu'on a vu soi-même ; car quelle est la vie de l'homme assez féconde en événements pour donner une expérience universelle ?

C'est donc en augmentant son propre savoir des connaissances d'autrui, en appréciant les recherches de ses prédécesseurs, et en prenant pour terme de comparaison les exploits militaires et les événements à grands résultats que nous fournit l'histoire des guerres, qu'on peut devenir un général habile.

LXXVIII.

C'est en quelque sorte pour faciliter cette étude que j'ai rédigé ce recueil ; c'est après avoir lu et médité l'histoire des guerres modernes, que j'ai essayé de faire apercevoir, par des exemples, comment on peut appliquer à cette lecture les maximes d'un capitaine célèbre : puissé-je avoir atteint mon but.

SECONDE PARTIE.

LXXIX.

Voir la note VI.

LXXX.

La cavalerie ayant besoin de plus d'officiers que l'infanterie, elle doit être plus instruite; car les avant-gardes comme les arrière-gardes ne font pas autre chose que manœuvrer : elles poursuivent ou se retirent en échiquier ; se forment en plusieurs lignes et se plient en colonne ; opèrent un changement de front avec rapidité pour déborder toute une aile. C'est donc par la combinaison de toutes ces évolutions qu'un général de cavalerie d'avant-garde ou d'arrière-garde, inférieur en nombre, évite les actions trop vives, un engagement général, et cependant retarde assez l'ennemi pour donner le temps à l'armée d'arriver, à l'infanterie de se déployer, au général en chef de faire ses dispositions, aux bagages, au parc de filer.

En 1796, brillait à l'armée d'Italie le général d'avant-garde Stengel, tué à Montenotte. Deux ou trois jours avant sa mort, lorsqu'il était entré le premier dans Lezegno, Napoléon y arriva quelques heures après, et quelle que chose dont il eût besoin, tout était prêt : les défilés, les gués avaient été reconnus, des guides étaient assurés, le curé et le maître de poste avaient été interrogés, des intelligences étaient déjà liées avec les habitants, des espions étaient envoyés dans plusieurs directions, les lettres de la poste avaient été saisies, et celles qui pouvaient donner des renseignements militaires traduites et analysées; enfin, toutes les mesures étaient prises pour former des magasins de subsistances pour rafraîchir les troupes.

LXXXI.

Il faut deux choses dans un général : de l'esprit et du caractère. De l'esprit, car sans lui on ne combine rien, on se livre sans défense. Du caractère, car sans une volonté forte et suivie on ne peut pas assurer l'exécution des plans conçus ; mais ici, les qualités relatives l'emportent sur les qualités absolues, et le caractère doit dominer l'esprit. C'est dans ce rapport que se trouve l'élément du succès. Quand le caractère domine l'esprit, et que l'esprit a une certaine étendue, on chemine vers un but déterminé et l'on a des chances de l'atteindre. Quand l'esprit domine le caractère, on change sans cesse d'avis, de projets et de direction, parce qu'une vaste intelligence considère à chaque instant les questions sous un nouvel aspect. Si la force de la volonté ne vient pas mettre à l'abri de ces changements, on flotte entre des partis divers, on n'en prend aucun avec suite, et au lieu de s'approcher vers le but, une marche incertaine nous en éloigne souvent et nous égare.

Ainsi, quand un général possède de l'esprit pour voir, juger, combiner, et du caractère pour exécuter ; quand à ces qualités il joint la connaissance des hommes, des passions qui les conduisent, des secrets mouvements de leurs cœurs, que tant de causes développent à la guerre ; quand d'ailleurs le danger, loin de le priver de ses facultés, ne fait que les accroître et leur donner une nouvelle énergie; quand enfin il aime ses soldats, en est aimé et s'occupe de leur conservation, de leurs intérêts, de leur bien-être, alors il réunit toutes les qualités qui promettent le succès.

LXXXII.

Il faut qu'un chef suprême ait la passion du grand et du beau; il faut qu'il soit animé par tous les sentiments généreux. L'homme froid et dépourvu d'élévation ne fera jamais rien de transcendant dans le noble métier des armes. Il faut avant tout, dans ce haut rang, un cœur chaud, une âme de feu, maîtrisée par une tête froide. Il faut ensuite, comme l'a dit Napoléon, le parfait équilibre entre l'esprit, le caractère ou le courage. Si à tout cela, si au génie qu'on tient de la nature, se joignent les connaissances fondamentales de la science, les théories de ses principales branches, les qualités physiques qui peuvent développer ses dons ; si, enfin, les circonstances favorables se rencontrent, alors il apparaît sur la scène du monde un de ces prodiges qui se montrent à de rares époques et qui jettent tant d'éclat.

Tel était Napoléon. De là venait surtout l'énorme distance qui existait entre lui et les généraux des temps modernes. Maître des parties sublimes de la guerre, possédant à fond tous ses détails, il fut plus passionné que tout autre, et c'est une grande erreur de lui avoir cru une âme froide et insensible. Malheur à ceux qui l'ont approché et qui n'ont pas su lire dans cette âme ardente ! Là était le foyer du feu sacré qu'il répandait sur les masses. Plus qu'aucun guerrier, il sut d'un mot, d'un regard, enflammer les passions ; il sut maintenir et diriger l'ardeur des armées par ses ordres du jour, qui serviront de modèles. Dominant les cœurs et les esprits, il agrandissait à sa volonté les efforts du soldat, suivant les nécessités et les résistances. Nul ne prit jamais un tel ascendant sur les troupes nationales, étrangères, et même ennemies. Aucun n'a pu comme lui établir et conserver dans les corps cette discipline digne du nom français, qui avait l'honneur pour principe et la gloire pour récompense.

LXXXIII.

Étudiez les campagnes d'Italie de 1796 et 1797, et vous verrez que c'est en suivant ce principe que Napoléon, dans ses marches savantes et hardies, a défait successivement trois armées bien supérieures à la sienne, en suppléant au nombre par la rapidité des marches, à l'artillerie par la nature des manœuvres, au manque de cavalerie par la nature des positions ; aussi tirait-il d'une victoire toutes les conséquences dont elle était susceptible. Ces deux campagnes réunissent l'exactitude dans les calculs, la correction dans les mouvements et une connaissance profonde des hommes et des choses.

LXXXIV.

Dans la campagne de 1796, Moreau, général en chef de l'armée du Rhin, fut tellement étranger aux connaissances de la grande tactique, que son irrésolution lui fit perdre un temps précieux dans deux circonstances de cette campagne où il se trouva bien supérieur à son ennemi, qu'il pouvait facilement vaincre.

Le 11 août, après la bataille de Neresheim, il passa sur la rive droite du Danube et du Lech, tandis qu'en marchant devant lui sur l'Altmuhl, par la rive gauche du Danube, il se fût joint en trois marches avec l'armée de Sambre-et-Meuse, qui était sur le Reidnitz, et eût, par ce mouvement, décidé de la campagne.

Il resta inactif six semaines, pendant août et septembre, en Bavière, tandis que l'archiduc Charles battait l'armée de Sambre-et-Meuse et la rejetait au delà du Rhin.

Il laissa assiéger Kehl durant plusieurs

mois, par une armée inférieure, à la vue de la sienne, et il le laissa prendre.

Sa retraite, au lieu d'être une preuve de talent, est la plus grande faute qu'il ait jamais pu commettre. Si, au lieu de se retirer, il eût tourné l'ennemi et marché sur les derrières du prince Charles, il aurait probablement écrasé ou pris l'armée autrichienne.

Ce même général, qui était excellent soldat, brave de sa personne, et qui remuait avec habileté une ou deux divisions sur un champ de bataille, montra, en 1799, en Italie, tout autant d'indécision dans ses opérations, par son manque de système et parce qu'il ne connaissait pas les secrets de l'art de la guerre.

Pendant la campagne de 1800, en Allemagne, son armée, qui était plus nombreuse que celle de l'archiduc Jean, a, presque toujours, été inférieure sur les champs de bataille. C'est ce qui arrive aux généraux qui sont irrésolus et agissent sans principes et sans plans : les tâtonnements, les *mezzo termine*, perdent tout à la guerre.

LXXXV.

Napoléon, qui était le premier officier du génie de son armée, développa après la bataille d'Essling toute l'étendue de savoir qu'il faut à un ingénieur pour maîtriser et les événements et les éléments ; les ordres qu'il donna en 1809, pour utiliser les fortifications de Vienne, sont à étudier et méritent de fixer l'attention des officiers des armes spéciales.

LXXXVI.

Les qualités nécessaires à un général de cavalerie sont d'une nature si variée et se rencontrent si rarement dans la même personne, qu'elles semblent presque s'exclure.

Il faut d'abord un coup d'œil sûr et prompt, une décision rapide et énergique, qui n'exclue cependant pas la prudence ; car une erreur, une faute, commises en commençant un mouvement, sont irréparables à raison du peu de temps qu'il faut pour l'exécuter.

Le général de cavalerie doit s'étudier à

mettre ses troupes à l'abri du feu de l'ennemi, tant qu'elles sont en position, mais les prodiguer quand le moment de l'aborder est arrivé. La veille de la bataille et jusqu'à ce qu'il soit appelé à combattre, il les administrera, hommes et chevaux, avec un soin minutieux, il entretiendra ces forces dans toute leur valeur ; mais le moment venu, il doit savoir dépenser cette cavalerie sans égard aux chances de perte, avec la seule préoccupation d'en tirer tout le parti possible.

Un général d'avant-garde doit être aventureux et bouillant, tandis que le général de cavalerie qui commande la réserve doit allier la prudence à la circonspection, et être plein de vigueur.

LXXXVII.

Dans la capitulation de Baylen, en 1808, il y a une circonstance tout aussi singulière que dans celle de Maxen. Le général Vedel était, avec sa division et celle du général Gobert, éloigné du champ de bataille, ayant ses derrières libres pour opérer sa retraite sans beaucoup de danger. Une des conditions de la capitulation fut qu'il reviendrait au camp poser ses armes. Ce général eut la simplicité d'obéir à l'ordre que lui donna le géral Dupont. Ce fut, comme à Maxen, un malentendu de l'obéissance militaire. A ce sujet, Napoléon s'exprime ainsi :

« Qu'une armée soit battue, ce n'est rien, le
« sort des armes est journalier et l'on répare
« une défaite ; mais qu'une armée fasse une
« capitulation honteuse, c'est une tache pour
« le nom français, pour la gloire des armes.
« Les plaies faites à l'honneur ne guérissent
« point : l'effet moral en est terrible. On dit
« qu'il n'y avait pas d'autre moyen de sauver
« l'armée, de prévenir l'égorgement des sol-
« dats. Eh ! il eût mieux valu qu'il eussent
« tous péri les armes à la main, qu'il n'en fût
« pas revenu un seul. Leur mort eût été glo-
« rieuse, nous les eussions vengés ; on retrouve
« des soldats, il n'y a que l'honneur qui ne
« se retrouve pas. »

LXXXVIII.

La cavalerie légère doit éclairer l'armée fort au loin ; elle doit être soutenue et protégée spécialement par la cavalerie de ligne.

Turenne, Eugène, Vendôme et Napoléon faisaient grand cas des dragons comme cavalerie de ligne. Cette arme se couvrit de gloire en Italie, en 1796 et 1797. En 1813 et 1814, les dragons rivalisèrent avec avantage avec les cuirassiers.

Une division de deux mille dragons qui se porte rapidement sur un point, avec quinze cents chevaux de cavalerie légère, peut mettre pied à terre pour défendre un pont, la tête d'un défilé, une hauteur, et attendre l'arrivée de l'infanterie.

LXXXIX et XC.

Un général qui attendrait la fin de la bataille pour faire donner sa cavalerie renoncerait à jamais à obtenir la victoire, et serait alors forcé de l'employer à couvrir sa retraite.

agissant ainsi, il prouverait qu'il a les notions les plus fausses de l'art de la guerre.

XCI.

Napoléon a suivi cette proportion dans toutes ses campagnes, la configuration des contrées dans lesquelles il a fait la guerre lui en ayant démontré l'importance. Les proportions des trois armes ayant été de tout temps l'objet des méditations des grands généraux, ils sont convenus qu'il fallait pour la cavalerie cette même proportion, et pour l'artillerie, quatre pièces pour mille hommes.

XCII.

A Austerlitz, comme à Wagram, c'est au plus fort de l'action que Napoléon a préparé cette barrière de bronze qui lui donna la victoire. Dans cette dernière bataille, le général Drouot montra la plus grande intrépidité à la tête de l'artillerie de la garde impériale, dont la charge décida du sort de la journée.

XCIII.

Il n'est pas d'infanterie, si bonne qu'elle soit, qui puisse, sans artillerie, marcher impunément pendant 1000 ou 1200 mètres contre 16 pièces de canon bien placées, servies par de bons canonniers. Avant d'être arrivés aux deux tiers du chemin, les hommes seront tués, blessés, dispersés.

XCIV.

Dans la campagne de 1757, le prince de Lorraine, après avoir pris Schweidnitz, le 11 novembre, résolut d'attaquer le duc de Bevern dans son camp retranché en avant de Breslau. La droite de ce camp était appuyée à l'Oder et la gauche au village de Klein-Mechber, sur un beau plateau fortifié. Le prince prit une position parallèle et s'y établit. Le 22, l'armée autrichienne s'empara de la position de Klein-Mechber et accula les Prussiens sous les murs de Breslau, qu'ils abandonnèrent aux vainqueurs avec une perte de 16,000 hommes. La perte de cette bataille provient des deux fautes que commit le général prussien : premièrement, sa position ne couvrait pas Breslau, et secondement, il n'avait aucun intérêt à livrer bataille, puisqu'il attendait le roi avec des renforts. Il ne s'agissait donc que de garder un camp qui couvrît Breslau, et l'on conçoit difficilement qu'il n'ait point atteint ce but, ayant eu près de deux mois pour choisir ce camp et s'y fortifier.

XCV.

Le génie de la guerre consiste dans le talent d'appliquer à propos les connaissances nécessaires pour conduire des armées, d'aviser aux meilleures combinaisons avec sûreté et promptitude au milieu des dangers et des crises. Le génie de la guerre est incomplet si, à la faculté de ses combinaisons, un général ne joint pas la connaissance du cœur humain; s'il n'a pas l'instinct de deviner ce qui se passe dans l'âme de ses soldats et chez l'ennemi. Ces inspirations si variables forment le moral de la guerre, action mystérieuse qui donne une puissance spontanée à une armée, et fait qu'un homme en vaut dix et que dix n'en valent pas un seul. Il est deux autres facultés également nécessaires : l'autorité et la décision, qui sont des dons de la nature.

Toutefois, si pour être grand général il faut beaucoup d'intelligence, il faut encore plus de caractère. C'est le caractère qui préside à l'exécution ; c'est lui qui, dans l'antiquité et les temps modernes, a fait le plus briller les généraux du premier ordre, et parmi eux Napoléon, ce héros d'un siècle fécond en héros ; Napoléon, versé dans les mystères de l'art et non moins grand dans l'exécution ; prompt, infatigable, toujours riche en ressources neuves, et qui possédait les plus hautes facultés de l'intelligence.

XCVI.

Dans une bataille, le général en chef doit obliger chacun à dépenser la totalité de l'énergie qu'il possède ; mais, vient l'épuisement, et c'est à ce moment, si important à reconnaître, qu'il est urgent d'envoyer les secours.

A cet effet, il est essentiel d'employer à propos ses réserves ; là est le génie de la guerre. On évitera avec soin de les engager trop tôt ou trop tard : trop tôt, c'est user inutilement ses moyens et s'en priver pour le moment où ils seront le plus nécessaires ; trop tard, c'est permettre que la victoire demeure incomplète ou que le revers s'accroisse et devienne irréparable.

A la Moskowa, Napoléon montra une circonspection funeste, en refusant de faire marcher sa garde, lorsqu'à deux heures le général Belliard vint la lui demander. L'armée russe était alors dans la plus grande confusion ; des résultats immenses eussent été obtenus avec des troupes fraîches ; une heure de répit sauva cette armée.

XCVII.

En 1652, au combat de Bléneau, Turenne, qui n'avait que quatre mille hommes, ayant appris que Condé avait surpris plusieurs cantonnements du maréchal d'Hocquincourt, réunit les siens et se porta par une marche de nuit sur Bléneau. Son armée et celle de Condé, qui était de douze mille hommes, se côtoyèrent en marchant la nuit en sens inverse, sans s'en apercevoir. Au jour, elles se découvrirent. Pour tenir en échec une armée triple de la sienne, jusqu'à l'arrivée de celle d'Hocquincourt, qui ne le rejoignit que dans la soirée, Turenne prit la position de l'étang de la Roussinière. C'était un défilé formé par l'étang sur la gauche et par un bois sur la droite. Il plaça ses troupes derrière ce défilé, établit une forte batterie pour battre au milieu, ne fit point occuper le bois pour ne pas s'exposer à être engagé malgré lui, et passa le défilé avec six escadrons. Aussitôt que l'armée de Condé s'approcha, il repassa le défilé. Ce prince, étonné de rencontrer son adversaire en position, se déploya et s'empara du bois; cependant il parut indécis; enfin il entra dans le défilé. Turenne fit alors volte-face avec sa cavalerie, culbuta la tête de la colonne ennemie, avant qu'elle pût se déployer. Au moment même, il démasqua sa batterie, qui porta le désordre dans les rangs de Condé, repassa le défilé et prit position.

Cette manœuvre si délicate, exécutée avec tant d'habileté et de prudence, ne saurait cependant être recommandée. Turenne, aussitôt qu'il eut réuni sa cavalerie, devait se retirer du côté de Saint-Fargeau, pour revenir ensuite en avant, mais seulement après sa jonction avec d'Hocquincourt. Dans cette circonstance, si Condé n'eût pas manqué d'audace, Turenne était défait.

XCVIII.

Voir le second paragraphe de la note XLIII.

XCIX.

Dans la campagne de 1794, en Piémont, la place de Saorgio, qui était approvisionnée en vivres et munitions de toute espèce, et qui était le dépôt principal de toute l'armée piémontaise, fut rendue aux Français par son commandant, quoiqu'il pût et dût encore la défendre pendant douze à quinze jours.

Cet officier avait été démoralisé par l'apparition subite de l'armée française, qui, par une manœuvre hardie, lui avait coupé toute communication. Renvoyé sur parole, il fut jugé et passé par les armes.

De beaux exemples à suivre dans la défense d'une place sont ceux du fort de Grave, par Chamilly, en 1675; de Lille, en 1708, par Boufflers; de Gênes, par Masséna, en 1800; de Saragosse, en 1810, par Palafox; de Burgos, en 1812, par Dubreton, et celui de Saint-Sébastien, par Rey, en 1813.

Les jeunes officiers doivent méditer sur le décret de Napoléon, du 24 décembre 1811, relatif à la défense des places de guerre, et qui témoigne d'une si grande connaissance du cœur humain et de la profession des armes.

C.

De ce que les lois et la pratique de toutes les nations ont autorisé spécialement les commandants des places fortes à rendre leurs armes en stipulant leur intérêt, et qu'elles n'ont jamais autorisé aucun général à faire poser les armes à ses soldats dans un autre cas, on peut inférer qu'aucun prince, aucune république, aucune loi militaire ne les y a autorisés. Le souverain ou la patrie commande à l'officier inférieur et aux soldats l'obéissance envers leur général et leurs supérieurs, pour tout ce qui est conforme au bien ou à l'honneur du service. Les armes sont remises aux soldats avec le serment militaire de les défendre jusqu'à la mort.

Un général a reçu des ordres et des instructions pour employer ses troupes à la défense de la patrie : comment peut-il avoir l'autorité d'ordonner à ses soldats de livrer leurs armes et de recevoir des chaînes ?

CI.

La campagne de 1796, en Italie, présente des modèles de tout genre. Une offensive habilement et audacieusement conduite ; une défensive où des forces moindres ont constamment repoussé des forces supérieures, mais en se ménageant souvent sur le champ de bataille la supériorité du nombre ; une guerre qui, par l'habileté de la direction et la vigueur de l'exécution, a amené une série de victoires sans exemple. Immortelle époque! dont les prodiges ont dépassé tout ce qui a été fait avant et après ; car, dans une série de combats si longs, au milieu de tant de mouvements divers, il est impossible de découvrir une seule faute, un seul oubli des vrais principes de l'art.

Jamais guerre offensive et défensive ne fut si parfaite, si admirable. C'est l'art mis en action dans ce qu'il a de plus sublime. Avec des moyens médiocres, d'immenses résultats ont été obtenus.

CII.

Dans la campagne de 1760, en Silésie, le grand Frédéric ayant échoué pour rétablir ses communications avec Breslau, Schweidnitz et Landshut, se trouvait dans une position critique et environné par des forces triples des siennes. Le 14 août au soir, il part de Liegnitz se dirigeant sur Glogau. A trois heures du matin, au moment où il allait prendre position sur les hauteurs de Pfaffendorff, ses grand'gardes furent attaquées par Laudon, qui, après deux heures de combat, fut complétement battu. Le maréchal Daun avait résolu, ce même jour, de livrer bataille à Frédéric, et ordonné à Loudon de passer la Katzbach dans la nuit du 14 au 15, pour s'emparer des hauteurs de Liegnitz, dans le temps que lui-même marcherait sur cette ville, mettant ainsi l'armée prussienne entre deux feux. En effet, il arriva à Liegnitz à cinq heures du matin, à deux lieues du champ de bataille, et rétrograda lorsqu'il apprit l'issue du combat. La faute qu'il commit fut, quoique étant à la tête de forces très-considérables, d'avoir isolé son lieutenant sans établir de communication avec lui par un corps intermédiaire, de manière à attaquer de concert; et à être instruit toutes les heures de ce qui se passait.

CIII.

Voir le second paragraphe de la note LIX.

CIV.

Le 25 mai 1800, l'armée française, après avoir franchi tous les obstacles du passage du mont Saint-Bernard, était arrêtée par celui que présentait le fort de Bard, qui avait été jugé à l'abri d'un coup de main, lorsque le Premier Consul arriva devant Bard. Gravir le rocher d'Albaredo et avec son coup d'œil d'aigle reconnaître la possibilité de s'emparer de la ville, fut l'affaire d'un moment. Il donna des ordres. Un régiment se rendit maître de la ville, qui n'est séparée du fort que par un torrent. La route fut couverte de matelas et de fumier, et les canons, traînés à la bricole, traversèrent de nuit, dans le plus grand silence, un espace de plusieurs centaines de mètres, à la portée de pistolet des batteries du fort. L'infanterie et la cavalerie passèrent un à un par le sentier de la montagne qu'avait gravi le Premier Consul et où jamais n'avait passé aucun cheval.

CVI.

Lorsque des circonstances vous obligent à faire une marche de flanc, il faut donner le change à son ennemi. Dans la campagne de 1796, en Italie, les Français occupèrent Tortone dans les premiers jours de mai. Cette occupation força le général autrichien à se retirer au delà du Pô pour couvrir Milan et défendre le passage du fleuve vis-à-vis de Valenza, où il supposait que les Français passeraient. En conséquence, il plaça des troupes sur la rive gauche de la Cogna, au camp de Valeggio. Napoléon, saisissant les avantages que lui offrait la fausse position de l'ennemi, prit ses mesures pour tourner leur gauche. Il réunit à cet effet une division d'élite à Tortone, en partit le 6 mai de très-grand matin, descendit la rive droite du Pô, et prêta, pendant dix-huit lieues d'une marche forcée, le flanc à l'ennemi, pour se porter sur Plaisance, où il surprit le passage du fleuve, qu'il effectua le 7 au matin, et battit l'ennemi.

CVII.

Il n'y a plus de discipline dès que le soldat peut piller ; et si en pillant il s'est enrichi, il devient aussitôt un mauvais soldat; il ne veut plus se battre.

Napoléon a dit : Le pillage n'est pas dans nos mœurs françaises ; le cœur de nos soldats n'est point mauvais ; le premier moment de fureur passé, il revient à lui-même. Il serait impossible à des soldats français de piller pendant vingt-quatre heures ; beaucoup emploieraient les derniers moments à réparer les maux qu'ils auraient faits d'abord. Dans leurs chambrées, ils se reprochent plus tard les uns aux autres les excès commis, et frappent eux-mêmes de réprobation et de mépris ceux d'entre eux dont les actes ont été trop odieux. Jamais ils n'auront à se reprocher de s'être conduits d'une manière aussi barbare que l'ont fait les Anglais à Badajoz et à Saint-Sébastien, pendant la guerre de la Péninsule, envers les habitants de ces deux villes qui étaient leurs alliés.

CVIII.

A la bataille de Millesimo, le 14 avril 1796, le général autrichien Provera fit preuve de peu de talent, ce qui fut la véritable raison qui engagea Napoléon à l'exalter, afin de l'accréditer près du conseil aulique; cela lui réussait. Provera fut réemployé, et il se laissa prendre une seconde fois, le 16 janvier 1797, à la bataille de la Favorite, pour avoir agi sans principes et avoir disséminé son corps d'armée en marchant sur Mantoue pour en faire lever le siége.

CIX.

C'est une règle importante de politique et de morale, de bien traiter les prisonniers de guerre.

La nation française est la seule qui les ait traités avec générosité et libéralité : aussi les Autrichiens, les Prussiens et les Russes demeuraient volontiers en France, la quittaient avec peine et y revenaient avec plaisir.

Le sort des prisonniers français en Angleterre était bien différent. Ils furent condamnés à l'affreux supplice des pontons, dont les anciens eussent enrichi leur enfer si leur imagination eût pu les concevoir. Entassés les uns sur les autres dans des lieux infects, trop étroits pour les contenir; respirant, deux fois par vingt-quatre heures, à la marée basse, les exhalaisons pestilentielles de la vase ; tel est le supplice que les prisonniers souffrirent pendant onze ans. N'est-ce pas assez pour que le sang bouillonne au hideux tableau de cette barbarie, dont l'oligarchie anglaise était seule capable, et qu'elle a haineusement couronnée en commettant, sur la personne auguste de Napoléon, l'assassinat le plus longuement et le plus horriblement consommé qui ait jamais été subi par une créature vivante dans les temps anciens et modernes ?

CXI.

Cela est si vrai, que dans les siècles de gloire des Romains, des Grecs et des Espagnols, leurs armées furent patientes, disciplinées, infatigables, jamais découragées. Les Suédois, sous Gustave-Adolphe et sous Charles XII, les Russes sous Souwarow, étaient agiles, intelligents, impétueux.

CXII.

Jamais les grands talents de Napoléon ne se sont manifestés avec plus d'éclat que dans la campagne de 1809. Les batailles d'Abensberg, de Landshut et d'Eckmühl sont ses plus belles, ses plus hardies, ses plus savantes manœuvres. Nulle époque n'a présenté d'aussi beaux exemples, d'aussi utiles leçons, un cours aussi complet de l'art de la guerre et de la théorie morale des passions militaires.

Cette merveilleuse campagne de cinq jours, dont chacun est marqué par un trait de génie, par de brillantes dispositions, par un nouveau triomphe, peut être étudiée avec fruit dans les Mémoires du général Pelet.

Napoléon, en se conformant aux règles de l'art, a fait de la guerre une véritable science. De tous les grands capitaines, c'est lui qui a dirigé les armées les plus considérables ; c'est lui qui a combattu, vaincu le plus de peuples ; c'est lui, avec Alexandre et César, qui a fait la guerre sur le plus vaste terrain et dans le plus de pays.

Que tout officier qui a la moindre envie de bien savoir la guerre médite également ses campagnes d'Italie, celle d'Egypte et surtout celle de France, la plus savante peut-être, où, après deux années de succès divers, se réveillant tout à coup sur le sol de la patrie et redoublant d'activité, de génie et d'audace, il court avec ses braves, qu'il multiplie, sur toutes les armées de l'Europe, les bat l'une après l'autre, et après des exploits fabuleux ne s'arrête enfin que trahi : et il se convaincra que ce grand génie ne s'est jamais écarté des vrais principes.

APPENDICE.

La meilleure ligne de défense, pour une armée française contre des armées autrichiennes débouchant du Tyrol et du Frioul, c'est l'Adige : elle couvre toutes les vallées du Pô ; elle intercepte la moyenne et la basse Italie ; elle isole la place de Mantoue.

C'est pour avoir méconnu ce principe que le maréchal de Villars manqua le but de la guerre en 1733. Il était à la tête de cinquante mille hommes, réunis au camp de Vigevano, en octobre ; n'ayant pas d'armée devant lui, il pouvait se porter où il voulait. Il se borna à se tenir en observation sur l'Oglio, à cheval sur le Pô ; ayant ainsi perdu l'occasion, il ne la retrouva plus. Trois mois après, Mercy arriva devant le Sarraglio avec une armée. Le maréchal de Coigny, quoiqu'à la tête d'une armée très-supérieure, pendant toute la campagne de 1734, et victorieux dans deux batailles rangées, celles de Parme et de Guastella, ne sut tirer aucun parti de tant d'avantages ; il manœuvra alternativement sur les deux rives du Pô. Si ces généraux avaient bien connu la topographie de l'Italie, dès le mois de novembre Villars eût pris position sur l'Adige, interceptant ainsi toute l'Italie, et Coigny eût profité de ses victoires pour s'y porter à tire-d'aile.

PENSÉES
DE NAPOLÉON Ier.

PREMIÈRE PARTIE.

PENSÉES RELATIVES A L'ART MILITAIRE.

1.

L'esprit d'un bon général devrait ressembler, quant à la clarté, au verre du télescope, qui a passé sur la meule et ne présente pas de tableaux à l'œil.

2.

Les généraux se font connaître par leurs victoires ou par leurs belles actions.

3.

Rien ne donne plus de courage et n'éclaircit plus les idées que de bien connaître la position de son ennemi.

4.

La guerre est comme le gouvernement, c'est une affaire de tact.

5.

Il faut changer la tactique de la guerre tous les dix ans, si l'on veut conserver quelque supériorité.

6.

Le sort d'une bataille est le résultat d'un instant, d'une pensée ; on s'approche avec des combinaisons diverses, on se mêle, on se bat un certain temps, le moment décisif se présente, une étincelle morale prononce et la plus petite réserve accomplit.

7.

Dans toutes les batailles, il arrive toujours un moment où les soldats les plus braves, après avoir fait les plus grands efforts, se sentent disposés à la fuite. Cette terreur vient d'un manque de confiance dans leur courage ; il ne faut qu'une légère occasion, un prétexte pour leur rendre cette confiance : le grand art est de le faire naître.

8.

Il est un moment dans les combats où la plus petite manœuvre décide et donne la supériorité. C'est la goutte d'eau qui fait le trop-plein.

9.

Il y a plusieurs manières d'occuper une position donnée avec la même armée : le coup d'œil militaire, l'expérience et le génie du général en chef en décident : c'est sa principale affaire.

10.

Il faut, à la guerre, profiter de toutes les occasions, car la fortune est femme; si vous la manquez aujourd'hui, ne vous attendez pas à la retrouver demain.

11.

Pour ne pas être étonné d'obtenir des victoires, il ne faut songer qu'à des défaites.

12.

Il est d'axiome que, dans l'esprit de la multitude, lorsque l'ennemi reçoit des renforts, elle doit en recevoir pour se croire à égalité de force.

13.

Le succès, à la guerre, tient au coup d'œil et au moment *.

---

* Napoléon dit, dans ses Mémoires, que la bataille d'Austerlitz, qu'il a gagnée si complétement, eût été perdue s'il eût attaqué six heures plus tôt.

14.

L'habitude des combats, la supériorité de la tactique et le sang-froid du commandement font seuls les vainqueurs et les vaincus.

15.

La gentillesse et les bons traitements n'honorent que le vainqueur ; ils déshonorent le vaincu, qui doit avoir de la réserve et de la fierté.

16.

Il en est des États comme d'un bâtiment qui navigue, et comme d'une armée : il faut de la froideur, de la modération, de la sagesse, de la raison, dans la conception des ordres, commandements ou lois ; de l'énergie et de la vigueur dans leur exécution.

17.

En guerre, comme en politique, tout mal,

fût-il dans les règles, n'est excusable qu'autant qu'il est absolument nécessaire ; tout ce qui est au delà est crime.

18.

A la guerre, comme en politique, le momen perdu ne revient plus.

19.

Le fanatisme militaire est le seul qui soit bon à quelque chose : il en faut pour se faire tuer.

20.

Les premières qualités du soldat sont la constance et la discipline ; la valeur n'est que la seconde.

21.

Le soldat suit la fortune et l'infortune de son général, son honneur et sa religion.

22.

Un soldat doit savoir vaincre la douleur et

la mélancolie des passions. Il y a pour lui autant de vrai courage à souffrir avec constance les peines de l'âme, qu'à rester fixe sous la mitraille d'une batterie. S'abandonner au chagrin sans résister, se tuer pour s'y soustraire, c'est abandonner le champ de bataille avant d'avoir vaincu.

23.

Les règles rigoureuses de la discipline militaire sont nécessaires pour garantir l'armée des défaites, du carnage et surtout du déshonneur. Il faut qu'elle regarde le déshonneur comme plus affreux que la mort. Une nation retrouve des hommes plus aisément qu'elle ne retrouve son honneur.

24.

Les délits militaires veulent être jugés promptement et sévèrement.

25.

La vraie récompense des armées consiste dans l'opinion de leurs concitoyens.

26.

Il n'est rien de grand dont le Français ne soit capable ; le danger l'électrise, c'est son héritage gaulois ; l'amour de la gloire est pour lui comme un sixième sens.

27.

Dans la guerre de siége, comme dans celle de campagne, c'est le canon qui joue le principal rôle.

28.

Rien n'est plus destructeur qu'une décharge d'artillerie sur une foule d'individus. On peut éviter un ou deux boulets, mais il est presque impossible d'échapper à dix-huit ou vingt.

29.

Quand on ne craint pas la mort, on a fait entrer dans les rangs ennemis.

30.

Les armées ne suffisent pas pour sauver

une nation, tandis qu'une nation défendue par le peuple est invincible.

31.

Les révolutions sont un bon temps pour les militaires qui ont de l'esprit et du courage.

32.

C'est toujours dans des temps de trouble, et surtout après une victoire du peuple, que prennent naissance les éléments d'une force nationale, qui devient l'armée appelée à défendre la patrie.

33.

Quand une fois les torches de la guerre civile sont allumées, les chefs militaires ne sont que des moyens de victoire; c'est la foule qui gouverne.

34.

Dans les guerres civiles, il n'est pas donné à tout homme de savoir se conduire; il faut quelque chose de plus que de la prudence militaire, il faut de la sagacité et de la connaissance des hommes.

35.

Dans les guerres de partis, celui qui est vaincu un jour est découragé pour longtemps : c'est surtout dans les guerres civiles que la fortune est nécessaire.

36.

Les qualités militaires ne sont utiles que dans quelques circonstances ; les vertus civiles ont une influence de tous les moments sur la félicité publique.

37.

Il n'y a point de lauriers quand ils sont rougis du sang des concitoyens.

38.

Pour les affaires militaires, publiques et

administratives, il faut une forte pensée, une analyse profonde et la faculté de pouvoir fixer longtemps les objets sans être fatigué.

39.

Les peuples conquis ne deviennent sujets du vainqueur que par un mélange de politique et de sévérité, et par leur amalgame avec l'armée.

40.

Le terrain est l'échiquier d'un général ; c'est son choix qui décide de son habileté ou de son ignorance.

41.

Tout chef de parti doit savoir se servir de l'enthousiasme ; il n'est point de faction qui n'ait ses énergumènes. Le plus grand général, avec des soldats sans enthousiasme, n'est qu'un ignorant.

42.

On n'est vraiment secondé par ses inférieurs que quand ils savent que vous êtes inflexible.

43.

Un État n'acquiert des officiers capables qu'en soignant l'éducation et en protégeant les sciences, dont le résultat s'applique à la marine, à la guerre, comme aux arts, à la culture des terres, à la conservation des hommes et des êtres vivants.

44.

Une bataille est une action dramatique, qui a son commencement, son milieu et sa fin. L'ordre de bataille que prennent les deux armées, les premiers mouvements pour en venir aux mains, sont l'exposition ; les contre-mouvements que fait l'armée attaquée forment le nœud, ce qui oblige à de nouvelles dispositions et amène la crise d'où naît le résultat ou dénoûment.

45.

Le vrai courage et les talents guerriers ne s'étonnent de rien et ne se rebutent d'aucun genre de privation.

46.

Le général qui fait de grandes choses est celui qui réunit les qualités civiles, le coup d'œil, le calcul, l'esprit, les connaissances administratives, l'éloquence, non pas celle du jurisconsulte, mais celle qui convient à la tête des armées, et enfin la connaissance des hommes.

47.

Le secret le plus important de la guerre consiste à se rendre maître des communications.

48.

Un général ne doit connaître que trois choses à la guerre : faire dix lieues par jour, combattre et cantonner ensuite.

49.

A la guerre, dans tout mouvement, il faut avoir pour but de gagner une bonne position.

50.

Le génie militaire est un don du ciel ; mais la qualité la plus essentielle d'un général en chef est la fermeté de caractère et la résolution de vaincre à tout prix.

51.

Dans la guerre de montagne, il faut se faire attaquer et ne jamais attaquer ; c'est le contraire en plaine.

52.

Les batailles ne doivent pas se donner, si l'on ne peut d'avance calculer sur soixante-dix chances de succès en sa faveur ; on ne doit même livrer bataille qu'alors qu'on n'a plus de nouvelles chances à espérer, puisque, de sa nature, le sort d'une bataille est toujours douteux ; mais une fois qu'elle est résolue, on doit vaincre ou périr.

53.

C'est des soins donnés aux bataillons de dépôt que dépendent la qualité et la durée d'une armée.

54.

Toute armée qui débute résiste difficilement aux premières épreuves de la guerre, et si elle a de plus un long trajet à faire, diminue en proportion des distances à parcourir.

55.

Avec une jeune armée, on peut enlever une position formidable, mais on ne peut pas suivre jusqu'au bout un plan, un dessein.

56.

A la guerre, la prudence conseille de priser au juste l'ennemi qu'on connaît, et plus haut qu'il ne mérite l'ennemi que l'on ne connaît pas.

57.

Les qualités propres à la guerre offensive sont l'activité, l'audace et le coup d'œil; y joindre aussi l'intelligence et la résolution.

58.

Des soldats qui sont résolus à mourir peuvent toujours sauver leur honneur, et réussissent souvent à sauver leur liberté et leur vie.

59.

Il faut à une armée qui bat en retraite un peu d'avance, afin qu'elle puisse dormir et manger. Il faut aussi qu'elle n'ait pas l'ennemi trop près d'elle ; car essuyer une attaque en route, le dos tourné, est la plus dangereuse manière de recevoir une bataille. Il est donc un moment où ce qu'il y a de plus sage est de choisir son terrain et de s'y arrêter pour combattre.

60.

Une rivière ni une ligne quelconque ne peuvent se défendre qu'en ayant des points offensifs ; car quand on n'a fait que se défendre, on a couru des chances sans rien obtenir. Mais lorsqu'on peut combiner la défense avec un mouvement offensif, on fait courir à l'ennemi plus de chances qu'il n'en fait courir au corps attaqué.

61.

A la guerre, rien ne s'obtient que par calcul ; tout ce qui n'est pas profondément médité dans ses détails ne produit aucun résultat.

62.

Tout l'art de la guerre consiste dans une défense bien ordonnée et extrêmement circonspecte, et dans une offensive audacieuse et rapide.

63.

Tout est opinion à la guerre : opinion sur l'ennemi, opinion sur ses propres soldats.

64.

Après une bataille perdue, la différence du vaincu au vainqueur est peu de chose ; c'est l'influence morale qui est tout, puisque deux ou trois escadrons suffisent alors pour produire un grand effet.

65.

A la guerre, il faut des idées saines et précises.

66.

L'art militaire est un art qui a des principes qu'il n'est jamais permis de violer.

67.

A la guerre, on prend son parti devant l'ennemi ; on a toujours la nuit pour soi pour se préparer.

68.

A la guerre, tout est moral, et le moral et l'opinion font plus de la moitié de la réalité.

69.

L'art des grands capitaines a toujours été de publier et de faire apparaître à l'ennemi leurs troupes comme très-nombreuses, et à leurs troupes l'ennemi comme très-inférieur.

70.

Changer sa ligne d'opérations est une opération de génie; la perdre est une opération tellement inquiétante qu'elle rend criminel le général qui s'en rend coupable : ainsi, garder sa ligne d'opérations est nécessaire pour arriver à son point de dépôt, où l'on puisse évacuer les prisonniers que l'on fait, les blessés et les malades qu'on a, trouver les vivres, et s'y rallier.

71.

Selon les lois de la guerre, tout général qui perd sa ligne de communication est digne de mort. J'entends par ligne de communication celle où sont les hôpitaux, les secours pour les malades, les munitions de guerre, les vivres, où l'armée peut se réorganiser, se refaire et reprendre en deux jours de repos son moral perdu quelquefois par un accident imprévu.

72.

On n'entend pas perdre sa ligne de communication quand elle est inquiétée par des partisans ou des paysans insurgés, qui ne sont pas dans le cas de faire front à une avant-garde ou à une arrière-garde.

SECONDE PARTIE.

PENSÉES DIVERSES.

73.

On respecte dans l'abaissement ceux qui se sont respectés dans la grandeur.

74.

Dix personnes qui parlent font plus de bruit que dix mille qui se taisent : voilà le secret des aboyeurs de tribune.

75.

Il ne faut point de demi-responsabilité dans l'administration ; cela ne sert qu'à favoriser les malversations et l'inexécution des lois.

76.

Dans les affaires du monde, ce n'est pas la foi qui sauve, c'est la méfiance.

77.

Il ne faut ni préjugés ni passion dans les affaires : la seule permise est celle du bien public.

78.

L'ambition de dominer sur les esprits est une des plus fortes passions.

79.

L'ambition est à l'homme ce que l'air est à la nature ; ôtez l'un au moral et l'autre au physique, il n'y a plus de mouvement.

80.

Les âmes fortes repoussent la volupté comme les nautoniers évitent les écueils.

81.

Quand on connaît son mal moral, il faut savoir soigner son âme, comme on soigne son bras ou sa jambe.

82.

La faculté de penser paraît être l'attribut de l'âme ; plus la raison acquiert de perfection, plus l'âme est parfaite, et plus l'homme est moralement responsable de ses actions.

83.

Un ennemi est toujours plus ardent à nuire qu'un ami à être utile.

84.

Voulez-vous compter vos amis ? Tombez dans l'infortune.

85.

L'amour est l'occupation de l'homme oisif, la distraction du guerrier, l'écueil du souverain.

86.

La seule victoire en amour, c'est la fuite.

87.

C'est l'indécision et l'anarchie dans les moteurs qui amènent l'anarchie et la faiblesse dans les résultats.

88.

L'anarchie ramène toujours au gouvernement absolu.

89.

Le joug des Anglais n'est du goût d'aucune nation. Les peuples souffrent toujours avec impatience la domination de ces insulaires.

90.

L'Anglais méprise tous les peuples, et principalement le Français. Cette nation trafique aussi bien des chefs-d'œuvre de l'art que de la liberté et de la prospérité des autres peuples.

91.

C'est par l'argent qu'il faut tenir les hommes à argent.

92.

Un État sans aristocratie est un vaisseau sans gouvernail, un vrai ballon dans les airs.

93.

La démocratie peut être furieuse, mais elle

a des entrailles, on l'émeut ; pour l'aristocratie, elle demeure toujours froide, elle ne pardonne jamais.

94.

On peut s'arrêter quand on monte, jamais quand on descend.

95.

Les sciences qui honorent l'esprit humain, les arts qui embellissent la vie et transmettent les grandes actions à la postérité, doivent être spécialement honorés dans les gouvernements libres.

96.

Avec de l'audace, on peut tout entreprendre, on ne peut pas tout faire.

97.

C'est un principe qu'il faut souvent changer de place les autorités et les garnisons ; l'intérêt de l'État veut qu'il n'y ait pas de places inamovibles.

98.

Les hommes peuvent pénétrer, par le calcul, quelques probabilités souvent menteuses, mais l'avenir est dans le sein de Dieu.

99.

Lorsqu'on veut faire une loi politique, ce sont toujours les avocats qui s'y opposent.

100.

Tout ce qui n'est pas fondé sur des bases physiquement et mathématiquement exactes doit être proscrit par la raison.

101.

On ne fait bien que ce qu'on fait soi-même.

102.

Le vrai bonheur social réside dans l'ordre régulier possible et dans l'harmonie des jouissances relatives à chacun.

103.

Ceux qui cherchent le bonheur dans le faste et la dissipation ressemblent à ces gens qui préfèrent l'éclat des bougies à la lumière du soleil.

104.

Le bon sens fait les hommes capables ; l'amour-propre est le vent qui enfle les voiles et conduit leur vaisseau dans le port.

105.

La bravoure est une qualité innée ; on ne se la donne pas.

106.

Une grande réputation, c'est un grand bruit ; plus on en fait, plus il s'étend au loin. Les lois, les institutions, les monuments, les nations, tout cela tombe ; mais le bruit reste et retentit dans d'autres générations.

107.

Ce n'est qu'avec de la prudence, de la sagesse, beaucoup de dextérité, que l'on parvient à de grands buts et que l'on surmonte tous les obstacles : autrement, on ne réussit à rien.

108.

Tout dans la vie est sujet au calcul ; il faut tenir la balance entre le bien et le mal.

109.

Il est toujours vil et déshonorant de calomnier celui qui est malheureux.

110.

En administration comme à la guerre, pour réussir, il faut souvent mettre du caractère.

111.

Les chartes ne sont bonnes que quand on les fait marcher ; il ne faut pas que le chef d'un État soit chef de parti.

112.

La civilisation fait tout pour l'âme, et la favorise entièrement aux dépens du corps.

113.

Dans tous les siècles et dans tous les États, les circonstances ont appelé des lois extraordinaires.

114.

Le code de salut des nations n'est pas toujours celui des particuliers.

115.

Rien de bon au monde comme un bon cœur.

116.

Le commerce unit les hommes, tout ce qui les unit les coalise ; donc le commerce est nuisible au pouvoir despotique.

117.

Il faut toujours se conduire par le raisonnement et le calcul.

118.

Un congrès est une fable convenue entre les diplomates; c'est la plume de Machiavel unie au sabre de Mahomet.

119.

Les vraies conquêtes, les seules qui ne donnent aucun regret, sont celles qu'on fait sur l'ignorance.

120.

Une constitution appuyée sur une aristocratie vigoureuse ressemble à un vaisseau. Une constitution sans aristocratie n'est qu'un ballon perdu dans les airs. On dirige un vaisseau, parce qu'il y a deux forces qui se balancent; le gouvernail trouve un point d'appui; mais un ballon est le jouet d'une seule force, le point d'appui lui manque, le vent l'emporte et la direction est impossible.

121.

C'est un grand tort, sur le terrain de la cour, que de ne pas se mettre en avant.

122.

Le courage de l'improviste, qui, en dépit des événements les plus soudains, laisse néanmoins la même liberté d'esprit, de jugement et de décision, est très-rare.

123.

Les courtisans consommés méprisent l'idole qu'ils semblent adorer, et sont toujours prêts à la briser.

124.

Si, dans une nation, les crimes ou les délits augmentent, c'est une preuve que la misère s'accroît, que la société est mal gouvernée.

125.

La contagion du crime est comme celle de la peste : les criminels agglomérés se corrompent mutuellement; ils sont plus pervers qu'ils ne l'étaient, quand, leur peine terminée, ils rentrent dans la société.

126.

Toute transaction avec le crime devient un crime de la part du trône.

127.

Les cultes sont à la religion ce que l'appareil est au pouvoir.

128.

Le cynisme des mœurs est la perte du corps politique.

129.

Rien de plus difficile, et pourtant de plus précieux, que de savoir se décider.

130.

Les déclamations passent, les nations restent.

131.

Ce qui caractérise le plus la démence est la disproportion entre les vues et les moyens.

132.

On ne gouverne pas une nation éclairée par des demi-mesures ; il faut de la force, de la suite et de l'unité dans tous les actes publics.

133.

On se dépopularise pour une peccadille comme pour un coup d'État : quand on connaît l'art de régner, on ne joue son crédit qu'à bonnes enseignes.

134.

Le despotisme, en passant des mains des gouvernants dans celles des gouvernés, ne cesse pas d'être despotisme.

135.

Le despotisme républicain est le plus fécond en actes de tyrannie, parce que tout le monde s'en mêle.

136.

Le dessin et les sciences exactes donnent de la rectitude à l'esprit. Le dessin apprend à voir, et les mathématiques apprennent à penser.

137.

La première des vertus est le dévouement à la patrie.

138.

Sous un maître, en politique, le seul mot de droit du peuple est un blasphème, un crime.

139.

Avec de vieux édits de Chilpéric et de Pharamond, déterrés au besoin, il n'est personne qui puisse se dire exempt d'être dûment et légalement pendu.

140.

L'Église doit être dans l'État, et non l'État dans l'Église.

141.

C'est dans les temps difficiles que les grandes nations, comme les grands hommes, déploient toute l'énergie de leur caractère, et deviennent un objet d'admiration pour la postérité.

142.

La rigueur, le sang, la mort, créent des enthousiastes, des martyrs, enfantent des résolutions courageuses et désespérées.

143.

Dans tout ce qu'on entreprend, il faut donner les deux tiers à la raison et l'autre tiers au hasard. Augmentez la première fraction, vous serez pusillanime; augmentez la seconde, vous serez téméraire.

144.

Quand on jette les honneurs à pleines mains, beaucoup d'indignes en ramassent, et le mérite se retire à l'écart. On n'ira pas chercher une épaulette sur le champ de bataille, lorsqu'on peut l'avoir dans une antichambre.

145.

L'équilibre politique est une rêverie.

146.

L'esprit humain a fait trois conquêtes importantes : le jury, l'égalité de l'impôt, la liberté de conscience.

147.

Quand l'esprit petille et que les passions parlent, la raison et le jugement sommeillent.

148.

Celui qui ne désire pas l'estime de ses concitoyens en est indigne.

149.

L'estime publique est la récompense des gens de bien.

150.

Les États constitutionnels n'ont pas de ressorts; l'action du gouvernement est trop entravée; c'est ce qui leur donne une si grande infériorité, quand ils luttent avec des voisins puissants et absolus. La dictature pourrait les soutenir, mais le bélier frappe aux portes de la capitale avant qu'ils soient en mesure.

151.

Il est des événements d'une telle nature qu'ils sont au-dessus de l'organisation humaine.

152.

La vraie sagesse des nations, c'est l'expérience.

153.

Toute faction est un composé de dupes et de fripons.

154.

On est faible par paresse ou par défiance de soi-même ; malheur à celui qui l'est par ces deux causes ensemble : s'il est simple particulier, il ne sera que nul ; s'il est roi, il est perdu.

155.

La faiblesse du pouvoir suprême est la plus affreuse calamité des peuples.

156.

Il faut reconnaître les faiblesses humaines et se plier à elles plutôt que de les combattre.

157.

Rien de plus impérieux que la faiblesse qui se sent appuyée de la force.

158.

Le fanatisme est toujours produit par la persécution.

159.

Dans des têtes fanatisées, il n'y a pas d'organe par où la raison puisse pénétrer.

160.

Sur cent favoris des rois, quatre-vingt-quinze ont été pendus.

161.

Le lot des femmes est d'adoucir nos traverses.

162.

Une belle femme plaît aux yeux, une bonne femme plaît au cœur ; l'une est un bijou, l'autre est un trésor.

163.

En finance, la meilleure manière d'obtenir

du crédit est de n'en pas faire usage : le système des impôts les corrobore, celui des emprunts les perd.

164.

Des finances fondées sur une bonne agriculture ne se détruisent jamais.

165.

La flatterie a toujours honoré les gouvernements faibles d'esprit, de prudence, comme les séditieux qualifient la vigueur de despotisme.

166.

Les flatteurs sont nombreux, mais il n'y en a guère qui sachent louer d'une manière noble et décente.

167.

L'usage nous condamne à bien des folies ; la plus grande est de s'en faire l'esclave.

168.

Les folies des autres ne servent jamais à nous rendre sages.

169.

La force est toujours la force, l'enthousiasme n'est que l'enthousiasme, mais la persuasion reste et se grave dans les cœurs.

170.

Le levier de puissance le plus sûr est une force militaire que la loi donne et dont le génie dispose. Telle fut la conscription. Il suffit de raisonner cette force, les contradictions s'effacent, le pouvoir s'affermit. Qu'importent, au fond, toutes les raisons des sophistes, quand le commandement est dans sa vigueur? On contraint ceux qui obéissent à ne pas franchir la ligne de l'ordre qu'on leur trace. A la longue, ils s'habituent au joug; on tire l'épée, et les factieux rentrent dans la poussière.

171.

Machiavel a beau dire, les forteresses ne valent point la faveur des peuples.

172.

Il faut suivre la fortune dans ses caprices et la corriger quand on le peut.

173.

Les Français vaudront tout leur prix, lorsqu'ils substitueront les principes à la turbulence, l'orgueil à la vanité, et surtout l'amour des institutions à l'amour des places.

174.

Avec notre expansion et notre mobilité nationale, de qui ne nous plaignons-nous pas, nous, Français?

175.

Notre ridicule défaut national est de ne pas avoir de plus grands ennemis de nos succès et de notre gloire que nous-mêmes.

176.

Le Français, de sa nature, est inquiet, faiseur et bavard.

177.

La badauderie est le caractère national du Français depuis les Gaulois.

178.

Le sentiment de l'honneur national n'est jamais qu'assoupi chez les Français. Il ne faut qu'une étincelle pour le rallumer.

179.

Les Français aiment de la grandeur jusqu'à l'apparence.

180.

Le peuple français a deux passions également puissantes, qui paraissent opposées et qui cependant dérivent du même sentiment : l'amour de l'égalité et l'amour des distinctions. Un gouvernement ne peut satisfaire à ces deux besoins que par une excessive justice : il faut que la loi et l'action du gouvernement soient égales pour tous ; que les honneurs et les récompenses tombent sur les hommes qui, aux yeux de tous, en paraissent les plus dignes.

181.

La nation française est la plus facile à gouverner, quand on ne la prend pas à rebours. Rien n'égale sa compréhension prompte et facile ; elle distingue à l'instant même ceux qui travaillent pour elle ou contre elle. Il faut toujours parler à ses sens, sinon son esprit inquiet la ronge, elle fermente et s'emporte.

182.

La France est le pays où les chefs ont le moins d'influence : s'appuyer sur eux, c'est bâtir sur le sable. On ne fait de grandes choses en France qu'en s'appuyant sur les masses ; d'ailleurs, un gouvernement doit aller chercher son appui là où il est. Il y a des lois morales aussi impérieuses que des lois physiques.

183.

La froideur est la plus grande qualité d'un homme destiné à commander.

184.

Le génie ne garantit pas des misères de la vie.

185.

Il faut que la nature place le génie de telle sorte que celui qui l'a reçu puisse en faire usage ; mais souvent il est déplacé, comme la semence étouffée qui ne produit rien.

186.

On ne trouve pas de gens intrépides dans ceux qui ont à perdre.

187.

Il y a des gens qui ne sont vertueux que parce que les occasions du vice leur manquent.

188.

Il y a des gens qui obligent comme d'autres insultent. Il faut y prendre garde, car on serait forcé de demander raison de leurs bienfaits.

189.

Les caprices, les passions des gouvernants, une fois enchaînés, les intérêts du peuple marchent sans obstacle dans leur route naturelle.

190.

On gouverne mieux les hommes par leurs vices que par leurs vertus.

191.

En fait de gouvernement, il faut des compères, sans cela la pièce ne s'achèverait pas.

192.

Les gouvernements à contre-poids ne sont bons qu'en temps de paix.

193.

Au fond, le nom et la forme du gouvernement ne font rien à l'affaire ; pourvu que la justice soit rendue à tous les citoyens, qu'ils soient égaux en droit, l'État est bien régi.

194.

Tout gouvernement ne doit voir les hommes qu'en masse.

195.

C'est l'unanimité des intérêts qui constitue la force légitime d'un gouvernement. Il ne peut se mettre en guerre avec eux sans se frapper de mort.

196.

Tout gouvernement qui est né et se maintient sans l'intervention d'une force étrangère, est national.

197.

La propriété, les lois civiles, l'amour du pays, la religion, sont les liens de toute espèce de gouvernement.

198.

En dernière analyse, pour gouverner, il faut être militaire; on ne gouverne un cheval qu'avec des bottes et des éperons.

199.

Quand on règne, on doit gouverner avec sa tête et non point avec son cœur.

200.

Il est bien difficile de gouverner, quand on veut le faire en conscience.

201.

Les dix-neuf vingtièmes de ceux qui gouvernent ne croient pas à la morale; mais ils ont intérêt à ce que l'on se persuade qu'ils font un bon usage de leur puissance; c'est ce qui en fait d'honnêtes gens.

202.

Pour qu'il y eût un vrai peuple libre, il faudrait que les gouvernés fussent des sages, et que les gouvernants fussent des dieux.

203.

Plus on est grand, moins on doit avoir de volonté; l'on dépend des événements et des circonstances.

204.

Il n'y a de beau que ce qui est grand ; l'étendue et l'immensité peuvent faire oublier bien des défauts.

205.

Il n'est jamais utile de se rendre odieux et d'enflammer la haine.

206.

Le hasard est le seul roi légitime dans l'univers.

207.

Il faut mener les hommes par les brides qu'ils ont aujourd'hui, non par celles qu'ils avaient autrefois.

208.

Les hommes qui s'avilissent ne conspirent pas.

209.

Aux yeux des fondateurs des grands empires, les hommes ne sont pas des hommes, ce sont des instruments.

210.

L'homme supérieur est impassible de sa nature ; on le loue, on le blâme, peu lui importe ; c'est sa conscience qu'il écoute.

211.

Pour devenir homme de bien, il faut avoir de fidèles amis ou de rudes ennemis.

212.

Les hommes se modèlent sur les circonstances.

213.

Combien d'hommes supérieurs sont enfants plus d'une fois dans la journée.

214.

L'homme ne marque dans la vie qu'en dominant le caractère que lui a donné la nature, ou en s'en créant un par l'éducation, et sachant le modifier suivant les obstacles qu'il rencontre.

215.

Tel fait une mauvaise action qui est foncièrement honnête homme ; tel fait une méchanceté sans être méchant. L'homme n'agit presque jamais par l'acte naturel de son caractère, mais par une passion secrète du moment, réfugiée, cachée dans les derniers replis du cœur.

216.

L'homme véritablement homme ne hait point ; sa colère et sa mauvaise humeur ne vont point au delà de la minute.

217.

L'homme qui a l'autorité en main ne doit point voir les personnes, mais bien les choses, leur poids et leur conséquence.

218.

L'homme n'est pas plus à l'abri sur la pointe d'un rocher que sous les lambris d'un palais. Il est le même partout. L'homme est toujours l'homme.

219.

L'homme est très-difficile à connaître ; pour ne pas se tromper, il faut ne le juger que sur ses actions, et encore faudrait-il que ce fût sur celles du moment, et seulement pour ce moment.

220.

Les hommes ont leurs vertus et leurs vices, leur héroïsme et leur perversité ; ils ne sont ni généralement bons ni généralement mauvais, mais ils possèdent et exercent tout ce qu'il y a de bon et de mauvais ici-bas : voilà le principe. Ensuite le naturel, l'éducation, les accidents sont les applications. Hors de cela, tout est système, tout est erreur.

221.

Tous les hommes sont égaux devant Dieu : la sagesse, les talents et les vertus mettent seuls de la différence entre eux.

222.

Il faut mener les hommes avec une main de fer dans un gant de velours.

223.

Misérables hommes que nous sommes ! Faiblesse et erreur, c'est notre devise. Nous ne pouvons rien contre la nature des choses ; la seule faculté qui nous reste, c'est l'observation.

224.

Nul homme ne peut s'élever si haut, que les coups du sort ne puissent l'atteindre.

225.

Les hommes sont comme les chiffres, qui n'acquièrent de valeur que par leur position.

226.

Il faut pour les hommes un jour favorable comme pour les tableaux.

227.

L'homme découragé reste indécis, parce qu'il ne voit devant lui que mauvais partis ; et ce qu'il y a de pire dans les affaires, c'est l'indécision.

228.

L'homme est moutonnier ; il suit toujours le premier qui passe.

229.

Ne croyez aux paroles des hommes que quand les actions y répondent.

230.

Dans une société quelconque, nul homme ne saurait passer pour vertueux et juste, s'il ne sait d'où il vient et où il va.

231.

Les hommes exercent ordinairement leur mémoire bien plus que leur jugement.

232.

Le cœur d'un homme d'État ne doit être que dans sa tête.

233.

Le plus sûr appui de l'homme est Dieu.

234.

Les moyens d'exécution manquent moins à l'homme que la persévérance et la volonté d'accomplir.

235.

Rien de ce qui dégrade l'homme ne peut être utile.

236.

Les hommes savent gré de les étonner.

237.

L'homme qui se laisse entièrement gouverner par sa femme n'est ni soi ni sa femme : il n'est plus rien.

238.

Il n'y a rien de pis que les honnêtes gens dans les crises politiques, lorsqu'ils ont leur conscience fascinée par de fausses idées.

239.

La masse des nations et des partis est plus fidèle qu'on ne croit au sentiment de l'honneur, à la gloire et à l'indépendance nationale.

240.

Ceux qui recherchent les honneurs ressemblent aux amoureux : la possession en diminue le prix.

241.

Tous les détails de la vie doivent être soumis à cette règle : savoir vaincre sa mauvaise humeur.

242.

Il n'est point d'idéalités qui n'aient un résidu positif ; et souvent un germe faux, à l'aide de la régularisation, conduit à un résultat vrai.

243.

Celui qui prend le plus d'images dans sa mémoire est celui qui a le plus d'imagination.

244.

L'immoralité est sans contredit la disposition la plus funeste qui puisse se trouver dans le souverain, en ce qu'il la met à la mode, qu'on s'en fait honneur pour lui plaire, qu'elle fortifie tous les vices, entame toutes les vertus, infecte toute la société comme une véritable peste : c'est le fléau d'une nation. La morale publique, au contraire, est le complément naturel de toutes les lois ; elle est à elle seule tout un code.

245.

Depuis la découverte de l'imprimerie, on appelle les lumières pour régner, et l'on règne pour les rendre esclaves.

246.

L'indécision des princes est au gouvernement ce que la paralysie est au mouvement des membres.

247.

La véritable industrie n'est pas d'exécuter avec tous les moyens connus et donnés ; l'art, le génie, est d'accomplir en dépit des facultés, et de trouver par là peu ou point d'impossible.

248.

Un bon esprit brave l'infortune, et le plus noble courage est de lui résister.

249.

Les hommes sont impuissants pour assurer l'avenir ; les institutions seules fixent les destinées des peuples.

250.

Les meilleures institutions deviennent vicieuses quand la morale cesse d'en être la base, et quand les agents ne sont plus conduits que par l'égoïsme, l'orgueil et l'insolence.

251.

L'intérêt, qui dirige les hommes d'un pôle à l'autre, est un langage qu'ils apprennent sans grammaire.

252.

Les inventions les plus étonnantes ne sont pas celles dont l'esprit humain puisse se glorifier ; c'est à un instinct mécanique et au hasard qu'on doit la plupart des découvertes, et nullement à la philosophie.

253.

Le juste est l'image de Dieu sur la terre.

254.

Sans justice, il n'y a que des partis, des oppresseurs et des victimes.

255.

En fait de gouvernement, justice veut dire force comme vertu.

256.

De la justice dépend l'ordre public. Les juges sont au premier rang de l'échelle sociale; ils ne sauraient être entourés de trop d'honneurs et de considération.

257.

La législation est un bouclier qu'un gouvernement doit porter partout où la prospérité publique est attaquée.

258.

On appelle certaines choses légitimes parce qu'elles sont vieilles.

259.

La liberté politique, bien analysée, est une fable convenue, imaginée par les hommes qui gouvernent, pour endormir les gouvernés.

260.

La loi doit être claire, précise, uniforme; l'interpréter, c'est la corrompre.

261.

Ce que l'on appelle loi naturelle, n'est que celle de l'intérêt et de la raison.

262.

Les lois qui sont, en théorie, le type de la clarté, ne deviennent que trop souvent un chaos dans l'application.

263.

Tous les maux, tous les fléaux qui peuvent affliger les hommes, viennent de Londres.

264.

On n'est point véritablement magistrat sans le respect le plus profond, sans le dévouement le plus absolu aux grands intérêts de la patrie.

265.

Le pouvoir des magistrats s'énerve, lorsqu'ils vivent familièrement avec les défenseurs des accusés qu'ils sont chargés de juger.

266.

Il n'appartient pas à chacun d'être maître chez soi.

267.

On peut souffrir de trop manger, jamais d'avoir mangé trop peu.

268.

Lorsque la masse est corrompue dans un État, les lois sont à peu près inutiles sans despotisme.

269.

Les hommes qui ont changé l'univers n'y sont jamais parvenus en changeant les chefs, mais toujours en remuant les masses.

270.

La vengeance que l'on exerce sur le méchant est une réparation que l'on fait à la vertu.

271.

Le pauvre commande le respect ; le mendiant doit exciter la colère.

272.

Un livre curieux serait celui dans lequel on ne trouverait pas de mensonges.

273.

On a tort d'accorder à un nom les prérogatives qu'on ne doit donner qu'au mérite.

274.

On pardonne au mérite ; on ne pardonne pas à l'intrigue.

275.

La force des ministres du culte réside dans les exhortations de la chaire et dans la confession.

276.

Les ministres de la religion ne doivent jamais s'émanciper dans les affaires civiles ; ils doivent porter la teinte de leur caractère, qui, selon l'esprit de l'Évangile, doit être pacifique, tolérant et conciliant.

277.

La modération imprime un caractère auguste aux gouvernements comme aux nations. Elle est toujours la compagne de la force et de la durée des institutions sociales.

278.

La sagesse et la modération sont de tous les pays et de tous les siècles, mais elles sont absolument nécessaires aux petits États et aux villes de commerce.

279.

On ne fait pas des républiques avec de vieilles monarchies.

280.

Les vieilles monarchies recrépites ne durent qu'autant que le peuple ne sent pas sa force ; de pareils édifices périssent toujours par les fondements.

281.

Le monde est une grande comédie où l'on trouve cent mille Tartufes pour un Molière.

282.

C'est dans le moral que se trouve la vraie noblesse ; hors de là, elle n'est nulle part.

283.

La morale publique est fondée sur la justice, qui, bien loin d'exclure l'énergie, n'en est, au contraire, que le résultat.

284.

La morale est un art conjectural comme l'ontologie. Voilà ce qui caractérise une intelligence supérieure.

285.

La vie est semée de tant d'écueils, et peut être la source de tant de maux, que la mort n'est pas le plus grand de tous.

286.

La mort est un sommeil sans rêve.

287.

Entre les personnes qui cherchent la mort, il y en a peu qui la trouvent lorsqu'elle leur serait utile.

288.

La plus belle mort, c'est celle d'un soldat qui périt au champ d'honneur, si la mort d'un magistrat périssant en défendant le souverain, le trône et les lois, n'était pas plus glorieuse encore.

289.

Les calculs sont bons, lorsqu'on a le choix des moyens ; lorsqu'on ne l'a pas, il est des hardiesses qui enlèvent le succès.

290.

De tous les arts libéraux, la musique est celui qui a le plus d'influence sur les passions, celui que le législateur doit le plus encourager. Une cantate produit plus d'effet qu'un ouvrage de morale.

291.

Diviser les intérêts d'une nation, c'est les desservir tous, c'est engendrer la guerre civile. On ne divise pas ce qui, par nature, est indivisible.

292.

Quand on est arrivé dans une certaine classe à solliciter des emplois lucratifs, il n'est plus pour une nation de véritable indépendance, de noblesse, de dignité dans le caractère.

293.

Pauvres nations! En dépit de vos lumières, de toute votre sagesse, vous demeurez soumises aux caprices de la mode, comme de simples particuliers.

294.

Ceux qui pensent que les nations sont des troupeaux qui, de droit divin, appartiennent à quelques familles, ne sont ni du siècle ni de l'Évangile.

295.

La loi de la nécessité maîtrise l'inclination, la volonté et la raison.

296.

La neutralité consiste à avoir mêmes poids et mêmes mesures pour chacun.

297.

Les oligarchies ne changent jamais d'opinion, parce que leurs intérêts sont toujours les mêmes.

298.

L'onction sainte, en nous attachant au domaine du ciel, ne nous délivre pas des infirmités de la terre, de ses traverses, de sa vilenie, de ses turpitudes.

299.

L'opinion publique est une puissance invisible, mystérieuse, à laquelle rien ne résiste.

300.

Tout devient facile quand on suit l'opinion; elle est la reine du monde.

301.

Rien n'est plus mobile, plus vague que l'opinion publique, et toute capricieuse qu'elle est, elle est cependant vraie, raisonnable, juste, beaucoup plus souvent que l'on ne pense.

302.

L'opinion publique est le thermomètre que doit sans cesse consulter un souverain.

303.

Parmi les hommes qui n'aiment point qu'on les opprime, il s'en trouve beaucoup qui aiment à opprimer.

304.

Les grands orateurs qui dominent les assemblées par l'éclat de leurs paroles, sont, en général, les hommes politiques les plus médiocres. Il ne faut point les combattre par des paroles, ils en ont toujours de plus ronflantes que les vôtres ; il faut opposer à leur faconde un raisonnement serré, logique : leur force est dans le vague ; il faut les ramener à la réalité des faits : la pratique les tue.

305.

Sans ordre, l'administration n'est qu'un chaos ; point de finances, point de crédit public, et avec la fortune de l'État s'écroulent les fortunes particulières.

306.

L'ordre matériel est extrêmement borné ; il faut chercher les vérités dans l'ordre moral, si l'on veut approfondir la politique et la guerre.

307.

L'ordre social d'une nation repose sur le choix des hommes destinés à le maintenir.

308.

L'ordre va avec poids et mesure ; le désordre est toujours pressé.

309.

Le paradis est un lieu central où les âmes de tous les hommes se rendent par des routes différentes ; chaque secte a sa route particulière.

310.

On peut s'élever au-dessus de ceux qui insultent, en leur pardonnant.

311.

Être privé de sa chambre natale, du jardin que l'on a parcouru dans l'enfance ; n'avoir pas d'habitation paternelle, c'est n'avoir pas de patrie.

312.

L'amour de la patrie est la première vertu de l'homme civilisé.

313.

La patrie ne saurait être voyageuse ; elle est immuable et toute sur le sol sacré qui nous a donné naissance et où reposent les ossements de nos pères.

314.

Le moyen le plus sûr de rester pauvre est d'être honnête homme.

315.

Un sot n'est qu'ennuyeux, un pédant est insupportable.

316.

Les gens qui sont maîtres chez eux ne sont jamais persécuteurs ; voilà pourquoi un roi qui n'est point contredit est un bon roi.

317.

La perversité est toujours individuelle, presque jamais collective.

318.

Les droits du chef ne sont que ceux du peuple. Le droit du peuple est de se soumettre aux lois.

319.

Un peuple qui se livre à des excès est indigne de la liberté ; un peuple libre est celui qui respecte les personnes et les propriétés.

320.

Le peuple a du jugement, lorsqu'il n'est point égaré par les déclamateurs.

321.

Il n'y a qu'à attendre pour les peuples, quand ils tombent sous le joug d'une grande servitude. Leur instinct les avertit des circonstances qui peuvent les délivrer.

322.

Les peuples n'ont de force que par la nationalité.

323.

Lorsque les peuples cessent de se plaindre, ils cessent de penser.

324.

Les peuples se relèvent de tous les revers, excepté de celui de consentir à leur déshonneur.

325.

Il n'y a que ceux qui veulent tromper les peuples et les gouverner à leur profit, qui peuvent vouloir les retenir dans l'ignorance.

326.

La perfection de la philosophie est de se rendre heureux en pratiquant la vertu.

327.

L'amour des places dans un peuple est le plus grand échec que puisse éprouver sa moralité.

328.

Quand on veut absolument des places, on se trouve déjà vendu d'avance.

329.

Pour bien faire la police, il faut être sans passion, se méfier des haines, écouter tout, et ne se prononcer jamais sans avoir donné à la raison le temps de revenir.

330.

Le pouvoir absolu n'a pas besoin de mentir : il se tait. Le gouvernement responsable, obligé de parler, déguise et ment effrontément.

331.

Tout devient facile à l'influence du pouvoir, quand il veut diriger dans le juste, l'honnête et le beau.

332.

Avec les praticiens, il n'est pas facile d'obtenir de la simplicité.

333.

Les mauvais prêtres ont toujours glissé partont la fraude et le mensonge.

334.

Un prince accompli aurait la conduite de César, les mœurs de Julien, et les vertus de Marc-Aurèle.

335.

Un prince tombe dans le mépris quand il est faible et irrésolu ; c'est bien pire quand il est gouverné par un ministre inepte ou déconsidéré.

336.

Les princes qui ont des confesseurs sont en contradiction avec la royauté.

337.

C'est toujours en blessant l'amour-propre des princes que l'on influe le plus sur leur délibération.

338.

Les princes vulgaires ne sont jamais impunément despotes.

339.

Les anciens accumulaient les professions, tandis que nous les séparons d'une manière absolue.

340.

La raison, la logique, un résultat surtout, doivent être le guide et le but constant de tout ici-bas.

341.

Sans la religion on marche continuellement dans les ténèbres. La religion catholique est la seule qui donne à l'homme des lumières certaines sur son principe et sa fin dernière.

342.

Que jamais des combats de doctrine n'altèrent les sentiments que la religion inspire et commande.

343.

Si la stabilité d'un gouvernement exige une religion dominante, elle repousse une religion dominatrice.

344.

Demander jusqu'à quel point la religion est nécessaire au pouvoir politique, c'est demander jusqu'à quel point on peut faire la ponction à un hydropique.

345.

La religion, c'est le règne de l'âme, c'est l'espérance, c'est l'ancre de sauvetage du malheur ; elle est l'appui de la bonne morale, des vrais principes et des bonnes mœurs.

346.

Les sbires et les prisons ne doivent jamais être des moyens de ramener aux pratiques de la religion.

347.

Il est plus facile d'ériger une république sans anarchie, qu'une monarchie sans despotisme.

348.

Il ne peut y avoir de république en France : les républicains de bonne foi sont des idiots, les autres des intrigants.

349.

Dans toute maison bien réglée, il ne faut dépenser que le quart de son revenu pour sa cuisine, le cinquième pour son écurie et le neuvième pour son logement.

350.

La jalousie est le propre des révoltes; l'égalité des intérêts les commence, l'union des passions les continue, et, le plus souvent, elles finissent par la guerre civile qui s'établit dans les révoltes elles-mêmes.

351.

Jamais de révolution sociale sans terreur. Les révolutions les mieux fondées détruisent tout à l'instant même, et ne remplacent que dans l'avenir.

352.

En révolution, on oublie tout. Le bien que vous faites aujourd'hui, demain sera oublié. La face des affaires une fois changée, reconnaissance, amitié, parenté, tous les liens se brisent, et chacun cherche son intérêt.

353.

Une révolution est l'un des plus grands maux qui puissent affliger la terre. C'est le fléau de la génération qui l'exécute ; tous les avantages qu'elle procure ne sauraient égaler le trouble dont elle remplit la vie de leurs auteurs. Elle enrichit les pauvres, qui ne sont point satisfaits ; elle bouleverse tout. Dans les premiers moments, elle fait le malheur de tous, le bonheur de personne.

354.

Dans les révolutions, il y a deux sortes de gens : ceux qui les font et ceux qui en profitent.

355.

Celui qui préfère la richesse à la gloire est un dissipateur, qui emprunte à usure et qui se ruine en intérêts.

356.

La richesse ne consiste pas dans la possession des trésors, mais dans l'usage qu'on sait en faire.

357.

La véritable richesse des États consiste dans le nombre des habitants, dans leur travail et leur industrie.

358.

Les richesses ne sont point le partage ordinaire du militaire, du magistrat; il faut les en dédommager par la considération et les égards. Le respect qu'on leur porte entretient le point d'honneur, qui est la véritable force d'une nation.

359.

Un roi ne peut pas descendre au-dessous du malheur.

360.

Il faut qu'un roi soit au-dessus des plus rudes atteintes de l'adversité.

361.

Un roi n'est pas dans la nature, il n'est que dans la civilisation; il faut qu'il marche à sa tête; il n'en est point de nu, il n'en saurait être que d'habillé.

362.

Il n'y a qu'un roi fainéant ou méchant qui s'associe aux passions vulgaires de ses inférieurs quand il peut les comprimer.

363.

La chute des préjugés a mis à nu la source des pouvoirs ; les rois ne peuvent plus se dispenser d'être habiles.

364.

Les rois n'aiment que les gens qui leur sont utiles, et seulement tant qu'ils le sont.

365.

Les rois ne s'attachent qu'en raison des bienfaits dont ils comblent, et jamais en raison des services qu'on leur rend ; et cela parce que, dans le premier cas, ils aiment leur création, et que, dans le second, leur amour-propre se révolte à la pensée qu'ils sont les obligés : car, c'est toujours se placer en infériorité que de se reconnaître l'obligé de quelqu'un.

366.

Le ruban d'un ordre lie plus fortement que des chaînes d'or.

367.

On peut, avec des rubans, parer des courtisans, mais on ne fait pas des hommes.

368.

Si la science était conduite par la main du pouvoir, elle aurait de grands résultats pour le bien de la société.

369.

La sévérité prévient plus de crimes qu'elle n'en réprime.

370.

Le sot a un grand avantage sur l'homme instruit : il est toujours content de lui-même.

371.

Les observations d'un sot apprennent jusqu'à quel degré de simplicité il faut descendre pour être compris de tous.

372.

On peut être un sot avec de l'esprit; on ne l'est jamais avec du jugement.

373.

Le souverain n'a qu'un seul devoir à remplir vis-à-vis de l'État : c'est de faire observer la loi.

374.

Un souverain ne doit jamais promettre que ce qu'il veut tenir.

375.

Un souverain faible est une calamité pour ses peuples.

376.

Le souverain a toujours tort de parler en colère.

377.

L'honneur, la gloire, le bonheur du souverain ne peuvent être autres que l'honneur, la gloire, le bonheur du peuple.

378.

Le but d'un souverain n'est pas seulement de régner, mais de répandre l'instruction, la morale, le bien-être. Tout ce qui est faux est un mauvais secours.

379.

Un souverain n'évite pas la guerre quand il veut; et, lorsqu'il y est forcé, il doit se hâter de tirer l'épée le premier, pour faire une irruption vive et prompte, sans quoi tout l'avantage est à l'agresseur.

380.

La souveraineté ne doit se montrer qu'en pleine activité, accordant des grâces et dépouillée des infirmités humaines.

381.

La souveraineté ne saurait être errante ; elle est inséparable du territoire et demeure liée à la masse des citoyens.

382.

Du sublime au ridicule, il n'y a qu'un pas.

383.

Le succès fait le grand homme.

384.

Le suicide est l'acte d'un joueur qui a tout perdu ou d'un prodigue ruiné.

385.

Le suicide est le plus grand des crimes. Quel courage peut avoir celui qui tremble devant un revers de fortune? Le véritable héroïsme consiste à être supérieur aux maux de la vie.

386.

En fait de système, il faut toujours se réserver le droit de rire le lendemain de ses idées de la veille.

387.

Rien ne marche dans un système politique où les mots jurent avec les choses.

388.

La témérité réussit souvent; plus souvent elle se perd.

389.

Il y a une espèce de voleur que les lois ne recherchent pas, et qui dérobe ce que les hommes ont de plus précieux : le temps.

390.

Une tête sans mémoire est une place sans garnison.

391.

La théologie n'est-elle pas réservée pour le ciel? Pouvons-nous, ici-bas, faire de Dieu l'objet de nos discussions?

392.

La théologie est, dans la religion, ce que les poisons sont aux aliments.

393.

Les bienfaits de la tolérance sont les premiers droits des hommes; elle est la première maxime de l'Évangile, puisqu'elle est le premier attribut de la charité.

394.

Se servir un jour d'un parti pour l'attaquer le lendemain, de quelque prétexte que l'on s'enveloppe, c'est trahir.

395.

Un empire comme la France peut et doit avoir quelques hospices de fous appelés trappistes.

396.

Dieu a posé le travail pour sentinelle de la vertu.

397.

On ne doit plus contraindre les travers quand ils ne sont point nuisibles.

398.

Un trône n'est qu'une planche garnie de velours.

399.

Le courage affermit un trône ; la lâcheté, l'infamie l'ébranlent : il vaut mieux abdiquer.

400.

Dans les temps de troubles, toute raison, même la raison politique, celle dont on peut le moins se passer, semble s'obscurcir avec la destinée du pays.

401.

La plus insupportable des tyrannies est la tyrannie des subalternes.

402.

L'unité, le bel arrangement et la méthode sont des conditions sans lesquelles, en architecture ainsi qu'en affaires plus importantes, rien ne peut être beau et imposant.

403.

La marche inévitable des corps nombreux est de périr par défaut d'unité.

404.

On réussit quelquefois mieux par la porte du valet de chambre qu'autrement.

405.

Point de bouleversement politique sans excès de vengeance populaire, quand, par une cause quelconque, les masses populaires entrent en action.

406.

Celui qui ne pratique la vertu que dans l'espérance d'acquérir une grande renommée, est bien près du vice.

407.

Les vices sont nécessaires à l'état de société comme les orages à l'atmosphère. Si l'équilibre se rompt entre le bien et le mal, l'harmonie cesse, il y a révolution.

408.

Il y a des vices et des vertus de circonstance.

409.

La victoire est toujours une chose louable, soit que la fortune ou l'habileté nous y conduise.

410.

C'est au moment de quitter la vie qu'on s'y attache avec plus de force.

411.

La vie d'un homme heureux est un tableau à fond d'argent, avec quelques étoiles noires. La vie d'un homme malheureux est un fond noir avec quelques étoiles d'argent.

412.

La vie intime est la garantie d'un bon ménage; elle assure le crédit de la femme, la dépendance du mari, et maintient l'intimité et les bonnes mœurs.

413.

La vie privée d'un homme est un réflecteur où l'on peut lire et s'instruire fructueusement.

414.

Les vieillards qui conservent les goûts du jeune âge perdent en considération ce qu'ils gagnent en ridicule.

415.

Le vulgaire recherche les grands, non pour leurs personnes, mais pour leur pouvoir, et ceux-ci l'accueillent par vanité ou par besoin.

416.

Le vulgaire mesure le crédit d'un courtisan au nombre de ses laquais; la populace juge de la puissance de Dieu par celle des prêtres.

FIN.

TABLE MÉTHODIQUE DES MAXIMES.

Principes de guerre.   VI, VII, X, XI, XVI, XVIII, XXIII,
    XXIV, XXV, XXVI, XXVII, XXVIII, XXIX, XXXIII,
    XXXIV, LV, LXXVII, LXXVIII, LXXXIV, XCV, XCVI,
    XCVII, CII, CIV, CV, CXII.
Guerre méthodique. V
Guerre de marches et de manœuvres. XVII
Guerre offensive et guerre défensive . VI, XIV, XIX, CI
Guerre maritime . . . . CXIII, CXIV
Plan de campagne. II
Ligne d'opération . . . . XII, XX
Frontières. I
Organisation d'une armée. LVII
Marches d'armée. . . III, IV, VI, IX, XXI, XXXIII, CIV
Marches de flanc. . . . . XXX, CVI
Corps d'armée dans les marches. XIII
Commandement. . . . . LXIV, LXVI
Général en chef. . . . VIII, XV, XXXI, LXIII, LXV, LXVI,
    LXX, LXXII, LXXIII, LXXIX, LXXXI, LXXXII, LXXXIII
Général de terre et général de mer. CXV
Général d'avant-garde et général d'ar-
    rière-garde. . . . . LXXVI, LXXX
Général de cavalerie. LXXXVI
Général d'artillerie. LXXV
Général du génie LXXXV
Chef d'état-major. LXXIV
Avant-garde. XXXII

Passage des rivières. . . . . . . XXXVI, XXXVII, XXXVIII
Têtes de pont. XXXIX
Camps. . . . . XXII, XXXV, XCIV
Tentes et bivouacs. LXII
Cantonnements. . . . . XXIV, LV
Fortification de campagne. CIII
Ligne de défense . . . . . . appendice. page 210
Retraites . . . . VI, XV
Places fortes XL
Siéges. XLIII
Lignes de circonvallation . . . . XLII, XLIII, XCVIII
Défense des places. . . . . XLIV, XLV, XCIX
Capitulations des places de guerre. . . . . XLV, XLVI
Capitulations sur le champ de bataille. . LXVII, LXVIII
LXIX, C

Les trois armes. XLVII
Infanterie. . . . . XLVIII, XCIII
Cavalerie . . . . . L, LI, LXXXVIII, LXXXIX, XC, XCI
Artillerie XCII
Infanterie et cavalerie. XLIX
Artillerie et infanterie. XCIII
Artillerie et cavalerie. LII
Artillerie en marche et en position . . . . . LIII, LIV
Prisonniers de guerre. . . . LXIII, LXIX, LXXXVII, CIX
Provinces conquises. CX
Grands capitaines. . . . . LXXVII, LXXVIII, CXII
Troupes . . . . LVI, CXI
Soldats. . . . . LVIII, LIX, LX
Harangues LXI
Louanges de l'ennemi. CVIII
Général traître à sa patrie. LXXI
Pillage. CVII

TABLE ALPHABÉTIQUE DES PENSÉES.

Abaissement. 73
Aboyeurs de tribune 74
Administration 75, 110, 305
Affaires 38, 76, 77, 102
Agriculture. 164
Ambition 78, 79
Ame 81, 82, 143, 309
Ames fortes. 80
Amis. 83, 84
Amour. 85, 86
Amour de la patrie 312
Anarchie. 87, 88, 347
Anglais 89, 90
Architecture. 102
Argent. 91
Aristocratie. 92, 93, 120
Armées. 16, 25, 30, 32, 53, 54, 55, 59
Arrêter (s'). 94
Art de la guerre. 62, 66, 69
Artillerie. 28
Arts. 95
Audace. 96
Autorités. 97
Avenir. 98, 249

Avocats. 99
Bataille, ... , ... 6, 7, 8, 44, 52, 64
Bataillons de dépôt. 53
Bâtiment (naval). 46
Bien faire. 404
Bonheur 403
Bonheur social. 402
Bon sens. 404
Bravoure. 405
But. 407
Calcul 64, 98, 408, 447, 289
Calomnier 409
Canon. 27, 28
Cantate. 290
Capitaines (grands). 69
Caractère 410, 214, 292
Chartes. 411
Chef d'Etat. 444, 498, 209, 247, 246, 318
Chef militaire 33
Civilisation 442, 364
Circonstances. 413
Code de salut 414
Cœur (bon). 415
Combats 8, 44
Commandement. 44, 42, 183
Commerce 446
Conduire (se). 447
Congrès. 448
Conquêtes 449
Conscription 470
Constance. . . . . , ... 20, 22

Constitution	120
Corps nombreux	103
Coup d'œil	43
Cour	121
Courage	3, 7, 22, 45, 122, 248, 399
Courtisans	123, 146
Crimes	124, 126, 369, 385
Criminels	125
Cultes	127
Cynisme	128
Décider (se)	129
Déclamateurs	320
Déclamations	130
Décorations	366, 367
Défense des rivières et des lignes	60
Défensive	62
Délits	124
Délits militaires	24
Démence	131
Demi-mesures	132
Démocratie	93
Dépopulariser (se)	133
Déshonneur	23
Désordre	308
Despotisme	134, 138, 165, 268, 347
Despotisme républicain	135
Dessin	136
Dextérité	107
Dévouement à la patrie	137
Dictature	150
Dieu	233, 294

Discipline	20, 23
Dissipation	103
Domination	78
Douleur	22
Droit divin	294
Droit du peuple	138, 318
Édits (vieux)	139
Éducation	43
Égalité	221
Égalité de l'impôt	146
Église	140
Emplois	292
Emprunts	163
Énergie	144, 283
Ennemi	56, 83
Enthousiasme	44, 169
Enthousiastes	142
Entreprises	143
Épaulette	144
Équilibre politique	145
Esprit	147, 248, 372
Esprit humain	146, 252
Estime publique	148, 149
États	16, 43, 92, 140, 193, 278
États constitutionnels	150, 192
Événements	151
Expérience	152
Faction	153
Faiblesse	154, 155, 157
Faiblesses humaines	156
Fanatisme	158, 159

Fanatisme militaire. 49
Faste. 103
Faveur populaire 171
Favoris des rois 160
Femmes. 161, 162
Finances 163, 164
Flatterie 165
Flatteurs. 166
Folies. 167, 168
Force. 169
Force militaire 170
Force nationale. 32, 358
Forteresses. 171
Fortune. 10, 172
Français. 26, 90, 173, 174, 175, 176, 177,
      178, 179, 180, 181, 182
France. 182, 393
Froideur 183
Garnisons. 97
Général. 1, 2, 9, 21, 46, 48, 50, 71
Génie. 184, 185, 247
Gens. 186, 187, 188
Gentillesse 43
Gloire. 355
Gouvernants 189, 198, 199, 200, 201, 202
Gouvernement . . . 4, 46, 132, 165, 190, 191, 192,
  193, 194, 195, 196, 197, 255, 257, 277, 334
Gouvernement absolu. 88, 330
Gouvernement libre 95
Gouvernement responsable. 330
Gouvernés 202

Grand 203, 204, 415
Guerre civile 33, 34, 35, 294, 350
Guerre . . . 4, 10, 17, 18, 27, 47, 48, 49, 54, 56,
   61, 63, 65, 67, 68, 140, 360, 379
Guerre de montagne 54
Guerre offensive 57
Guerre de siége. 27
Habitation paternelle. 314
Haine. 205, 246
Hardiesse. 289
Hasard 143, 206
Héroïsme. 385
Homme. . . 79, 98, 154, 183, 186, 187, 188, 190,
   207, 208, 209, 212, 214, 215, 216, 217,
   218, 219, 220, 221, 222, 223, 224,
   225, 226, 227, 228, 229, 230, 231,
   233, 234, 235, 236, 237, 249, 251
Homme capable. 404
Homme de bien. 241
Homme d'Etat. 232
Homme supérieur. 210, 243
Honnête homme. 314
Honnêtes gens 238
Honneur 239
Honneurs. 144, 240
Humeur (mauvaise). 241
Idéalités 242
Idées. 65
Ignorance. 149, 323
Imagination. 243
Immoralité 244

Impôts. 163
Imprimerie. 245
Indécision. 87, 227, 246
Industrie. 247
Infortune. 248
Institutions 249, 250, 277
Insulteurs 251
Intelligence supérieure. 284
Intérêt. 251
Intrigue 274
Inventions 252
Jalousie. 350
Jugement. 147, 372
Juges. 256
Jury 146
Juste. 253
Justice. 254, 255, 256
Lauriers. 37
Législation 257
Légitimité. 258
Liberté de conscience. 446
Liberté politique 259
Ligne d'opération. 70
Ligne de communication. 71, 72
Logique. 340
Loi naturelle. 264
Lois 46, 99, 260, 262, 268, 373
Lois extraordinaires. 143
Londres. 263
Lumières. 245
Magistrats. 264, 265, 358

Maison réglée. 349
Maître chez soi 266, 346
Mal. 17
Mal moral 84
Malheureux. 109
Manger. 267
Manœuvre. 8
Martyrs. 142
Masses 268, 269, 405
Mathématiques. 136
Méchant 270
Méfiance. 76
Mémoire 390
Mendiant. 274
Mensonges. 272
Mérite. 273, 274
Méthode. 402
Militaires. 34, 358
Ministres du culte. 275, 276
Misère 124
Mode. 293
Modération. 277, 278
Moment perdu. 48
Monarchie 279, 280, 347
Monde. 281
Moral. 64, 68, 84, 282
Morale. 250, 284
Morale publique. 244, 283
Mort 29, 285, 286, 287, 288
Moyens. 289
Multitude. 12, 33, 268

Musique	290
Nation	23, 30, 114, 124, 132, 239, 277, 291, 292, 293, 294, 307
Nation française	184
Nationalité	272
Nécessité	295
Neutralité	296
Noblesse	282
Nom	273
Observation	223
Odieux	205
Offensive	60, 62
Officiers	43
Oligarchies	297
Onction sainte	298
Opinion	63
Opinion publique	299, 300, 301, 302
Oppression	303
Orateurs politiques	304
Ordre	102, 305, 308
Ordre de chevalerie	366, 367
Ordre matériel	306
Ordre moral	306
Ordre public	256
Ordre social	307
Paradis	309
Pardon	340
Partis	239, 394
Passions	77, 147
Patrie	341, 342, 343
Pauvre	274, 344

Pédant. 315
Persécution. 158
Persuasion 169
Perversité. 317
Peuple. 30, 189, 202, 249, 318, 319, 320,
             321, 322, 323, 324, 325, 377
Peuple français 180, 181
Peuple libre. 319
Peuple conquis 39
Philosophie. 326
Places. 327, 328
Point d'honneur. 358
Police. 329
Politique. 17, 18, 306
Position. 9, 49
Pouvoir 331, 344
Pouvoir absolu 88, 330
Praticiens. 332
Préjugés. 77, 363
Prérogatives. 273
Prêtres 333, 446
Princes 334, 335, 336, 337, 338
Professions. 339
Prudence. 407, 465
Puissance politique. 170, 344
Qualités militaires. 36
Raison 82, 100, 143, 147, 159, 340, 400
Raison politique. 400
Raisonnement. 147
Récompenses 25, 449
Religion. 341, 342, 343, 344, 345, 346, 392

Renforts	49
Responsabilité	75
Républiques	279, 347, 348
Réputation	406
Résultat	340
Retraite	59
Revenu	349
Révoltes	350
Révolutions	34, 32, 351, 352, 353, 354, 405
Révolution sociale	354
Richesse	355, 356, 358
Richesse des États	357
Ridicule	382
Rois	316, 359, 360, 361, 362, 363, 364, 365
Rubans	366, 367
Sagesse	107, 224, 278
Sagesse des nations	452
Sciences	43, 95, 136, 368
Séditieux	465
Sévérité	369
Simplicité	382, 374
Société	424
Soldats	7, 20, 21, 22, 58
Sot	345, 370, 371, 372
Souverain	114, 198, 209, 217, 246, 302, 346, 348, 373, 374, 375, 376, 377, 378, 379
Souveraineté	380, 384
Sublime	382
Succès	43, 383
Suicide	384, 385
Système	386

Système politique. 387
Tactique 5, 44
Talents. 224
Talents guerriers 45
Témérité. 388
Temps. 389
Terrain. 40
Terreur. 354
Tête. 390
Théologie. 394, 392
Tolérance. 393
Trahir. 394
Traitements (bons). 45
Trappistes 395
Travail. 396
Travers. 397
Trône. 398, 399
Troubles. 400
Tyrannie.. 404
Vainqueurs. 44, 45
Vaincus 44, 45
Valet de chambre. 404
Valeur 20
Vengeance 270
Vengeance populaire 405
Unité 402, 403
Usage. 467
Vertus. 437, 224, 342, 396, 406, 408
Vertus civiles 36
Vices. 406, 407, 408
Victoires. 44, 44, 409

Vie	410, 411
Vie intime	412
Vie privée	443
Vieillards	444
Villes de commerce	278
Voleur	389
Volupté	80
Vulgaire	445, 446

Vu
1875

N.º 29.

www.ingramcontent.com/pod-product-compliance
Lightning Source LLC
Chambersburg PA
CBHW060655170426
43199CB00012B/1805